高等学校教材·无人机应用技术

无人机装配工艺学

蔡闻峰　编著

U0382019

西北工业大学出版社

西　安

【内容简介】 本书内容包括无人机装配的一些基本问题,包括装配单元划分的原则,合理地确定装配的分散程度,装配的定位方法,装配工艺过程,保证装配准确度和产品互换性的方法等,以及无人机装配所涉及的连接技术,主要包括胶接、铆接、螺接(螺栓和螺钉连接),其中主承力结构以胶接与机械连接(包括铆接和螺接)的混合连接为主,复杂和受力较大的部位主要采用胶接和螺接。

本书可用作高等院校无人机技术相关专业课程教材,也可供无人机研制企业相关人员以及无人机爱好者等阅读、参考。

图书在版编目(CIP)数据

无人机装配工艺学/蔡闻峰编著. --西安 : 西北工业大学出版社,2024. 7. -- ISBN 978 - 7 - 5612 - 9337 - 9

Ⅰ. V279

中国国家版本馆 CIP 数据核字第 20246U84Y6 号

WURENJI ZHUANGPEI GONGYIXUE

无 人 机 装 配 工 艺 学

蔡闻峰 编著

责任编辑:曹 江		策划编辑:杨 军	
责任校对:朱晓娟		装帧设计:董晓伟	

出版发行:西北工业大学出版社

通信地址:西安市友谊西路 127 号　　邮编:710072

电　　话:(029)88491757,88493844

网　　址:www.nwpup.com

印 刷 者:西安五星印刷有限公司

开　　本:787 mm×1 092 mm　　1/16

印　　张:12.375

字　　数:309 千字

版　　次:2024 年 7 月第 1 版　　2024 年 7 月第 1 次印刷

书　　号:ISBN 978 - 7 - 5612 - 9337 - 9

定　　价:49.00 元

前　言

近些年,我国军用无人机迎来了较快的发展,取得了较好的成果,但我们必须看到,我国无人机整体技术水平与国际先进水平相比,尤其与美国、以色列、欧洲等无人机发展先进国家和地区相比,仍存在一定差距,尚处于追赶世界一流水平的发展过程中。正如党的二十大报告指出,发展不平衡不充分问题仍然突出,推进高质量发展还有许多卡点瓶颈,科技创新能力还不强。

作为发展中国家,国内无人机企业技术能力的提升遵循从引进、消化吸收到自主创新的模式,因此,按照党的二十大报告要求,优化无人机科技领军企业定位和布局等,走基础研究、应用研究与试验开发之路,最终实现自主创新。

不同于一般机械装配,无人机结构复杂,零件和连接件数量大,不仅装配和安装工作的自动化程度较低,而且质量要求高,技术难度大。无人机装配和安装的工作量占整个无人机制造工作量的50%~60%,无人机装配是无人机制造的重要环节之一。

无人机装配的工艺过程为:将组成无人机的零件,按一定的顺序进行定位、制孔、连接,形成部件,最后将各部件对接成整架飞机。其关键技术是容差分配和为保证无人机装配准确度所采取的互换、协调及补偿方法等。

为减少无人机结构零件、连接件数量,减轻结构质量,提高可靠性和维修性等,无人机大量使用先进复合材料结构。但大尺寸复合材料薄壁制件尺寸精度难以控制,层压板厚度不均匀,装配过程中容易产生干涉,加之碳纤维的难加工性等,给无人机装配技术带来了新的挑战。

无人机装配工艺是保证无人机产品质量、强度、寿命及制造准确度等的决定性环节。随着新技术、新工艺、新材料、新设备的发展,以复合材料结构为主的无人机装配技术有了迅猛的发展,它已成为无人机先进制造技术的重要组成部分。

飞行器制造专业的学生和相关工程技术人员,应系统地学习并掌握以复合材料结构为主的无人机装配的基本理论和方法,熟悉无人机装配工艺及工艺装备,学习和掌握无人机装配技术,从而能够应用无人机装配的基本理论和装配技术开展无人机装配技术的应用与研究。

本书从高校教学和无人机研制工程技术人员的需求出发,围绕无人机装配过程和装配方法、无人机装配准确度、无人机装配的互换与协调方法及无人机装配型架设计要求等,详细阐述无人机结构连接技术,尤其是复合材料结构,无人机胶接和胶接结构装配,无人机装配工艺设计,无人机各部件装配及总装配等;介绍无人机水平测量,无人机重心、推力线测量与调整等,将无人机装配技术的实践经验和科学方法与飞机装配理论相结合;介绍旋翼无人机的装配方法,使本书内容更加系统、完整。本书内容力图深入浅出,通过典型装配实例阐明无人机装配的基本原理和关键技术,以帮助读者更好地理解和应用所学的无人机装配理论和方法。

在本书编写过程中,笔者参阅了相关飞机装配技术的文献资料以及近年来有关飞机复合材料结构装配技术的科研成果,以使本书内容更加系统和完整,在此,谨向其作者表示感谢。

本书的编写得到了西北工业大学薛红前的大力支持,以及西北工业大学无人机研究所白京元的协助,谨向他们表示衷心的感谢。

由于水平有限,书中难免有不足之处,敬请各位专家、同行和读者批评指正。

编著者

2023 年 7 月

目　录

第1章 无人机装配过程和装配方法

内容提示

本章首先讲述复合材料的定义、分类、特点,树脂基连续纤维增强复合材料的优点、缺点及应用,无人机(Unmanned Aerial Vehicle,UAV)上常见的复合材料结构,以及以复合材料为主的无人机结构特点;其次讲述无人机装配的基本理论和方法——无人机结构分解、装配基准、装配定位、装配准确度、装配尺寸链、装配准确度的误差分析与控制、各种装配方法的装配准确度分析以及提高装配准确度的补偿方法。

教学要求

(1)掌握无人机结构特点。

(2)了解复合材料及其在无人机上的应用。

(3)掌握无人机结构分解。

(4)掌握无人机装配基准。

(5)掌握无人机装配定位。

(6)熟悉无人机装配准确度。

(7)掌握无人机装配尺寸链。

(8)熟悉影响无人机装配准确度的误差分析与控制。

(9)熟悉各种无人机装配方法的装配准确度分析。

(10)掌握提高无人机装配准确度的补偿方法。

内容框架

本章的内容框架如下。

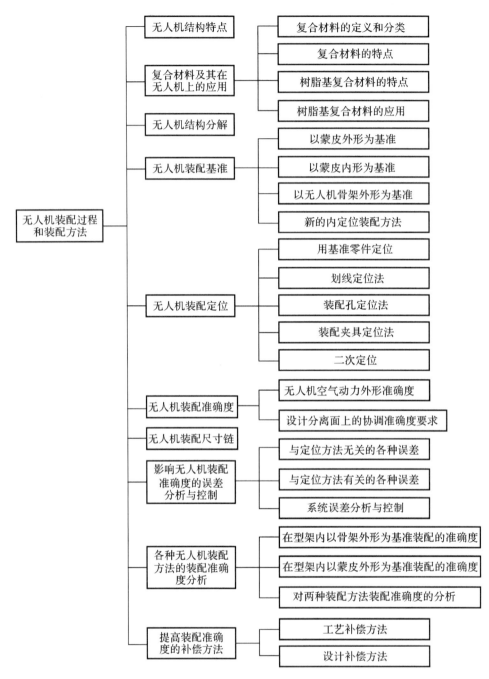

在执行任务方面,无人机比有人机更具特点和优点,无人机制造已成为世界各国战略性高技术产业,是科学技术创新的重要推动力量,是带动产业升级的重要手段。

世界各国无不重视无人机的研制、发展和应用。无人化和智能化已经成为未来战场的发展趋势,无人作战正在深刻改变战争面貌,是改变战争形态的重要因素之一。

1917年世界上第一架无人机诞生。我国无人机研发始于20世纪60年代,1958年,西北工业大学研制的我国第一架无人机在西安窑村机场成功起飞,在此后近40年中,无人机研发力量主要集中在 3 所航空航天高校,无人机技术呈现局部有进步、整体发展很有限的特点。

进入 21 世纪后,我国无人机进入快速发展期,尤其是国内中航工业、航天科技、科工集团的骨干企业介入后,加速推进了我国无人机技术的全面发展和水平提高,以"ASN"系列、"彩虹"系列、"翼龙"系列和"攻击-11"为代表的军用无人机发挥了优异的作战性能,使我国无人机产业取得了实质性的进步,现已形成了能服务多军种、实现从侦察到攻击等多功能的全面体系及较为完整的产品系。在此期间,西北工业大学第三六五研究所成功研制出我国第一型靶标无人机、第一型侦察无人机、第一型舰载无人机、第一型反辐射无人机等,实现我国第一个无人机系统、技术、生产线全方位出口,拥有我国唯一的无人飞行器技术全国重点实验室和无人机系统国家工程研究中心,建有我国高校唯一的无人机专业化飞行试验测试基地,连续两次被中共中央、国务院、中央军委联合授予"重大贡献奖"(全国高校唯一)。国庆 60 周年、建军 90 周年阅兵中,整个无人机方队由西北工业大学第三六五研究所研制生产。国庆 70 周年阅兵中,该所研制生产的无人机方队再次通过天安门接受检阅。

无人机装配是无人机制造的重要环节之一,装配是按规定的图样和技术要求将零件或组件进行连接,使之成为半成品或成品的工艺过程。无人机装配是将组成无人机的零件,按一定的流程和方法逐步装配成组合件、段件和部件,如机身、机翼、尾翼等,最后将各部件对接成整架无人机的机体。

无人机制造过程分为毛坯/材料准备、零件制造、装配、调试和试飞五个阶段,零件因材料及成形方法的不同可采用冷压加工、机械加工、非金属加工及特种加工等。

无人机装配技术主要涉及合理地划分装配单元和制定装配路线,确定装配时零件的装配基准,应用定位方法和保证装配准确度及互换性的方法,应用装配连接技术等。无人机装配的关键技术是容差分配和为保证无人机装配准确度所采取的互换、协调及补偿方法等。

无人机结构复杂,零件及连接件数量较多,复合材料整体结构件尺寸大、刚度小,质量要求高,装配结构开敞性较差,在有限的机体内要安装数量众多、空间位置又相互交错的各种设备、装置和系统等,难以实现机械化、自动化,手工工作量大,因此无人机装配的工作量大、周期长。

无人机装配的工作量占整个无人机制造总工作量的 50%～60%,因此无人机装配工作在无人机制造过程中占有非常重要的地位,提高无人机装配和安装的技术水平,对于无人机制造具有重要的意义。

1.1　无人机结构特点

无人机具有低成本、轻结构、高隐身、长航时及长储存寿命等特点。对无人战斗机(UCAV)来讲还有高机动、大过载的要求。低成本、智能化及高可靠性是无人机的发展趋势。这些特点和要求使得世界上大部分无人机,包括靶机、无人侦察机、无人作战飞机以及各种民用无人机均无一例外地大量使用了复合材料。据统计目前世界上各种先进的无人机复合材料的用量一般占机体结构总质量的 60%～80%,有些无人机复合材料的用量甚至可达 90% 以上。

诺斯罗普·格鲁曼公司为美国空军研制的当今世界最先进的 RQ-4"全球鹰"高空长航时无人机(见图 1-1),机翼采用碳纤维复合材料制造。

"全球鹰"复合材料机翼采用梁式承扭盒,长达 35 m,承扭盒中 4 个 I 形梁均由高模量碳纤维/环氧预浸料制造。蒙皮为层压板结构,层压板为单向带铺制,其中 0°铺层占 50%,其余铺层占 50%,以提供足够的扭转刚度。前后缘均为 Hexcel 公司提供的 Nomex 蜂窝夹层结构。机翼主结构采用热压罐固化成形,梁和蒙皮分别在热压罐固化成形后进行二次胶接,机翼主结构无紧固件,简化了密封和装配工艺。整个机翼分 3 段,包括 1 个 15 m 长横跨机身的翼盒和 2 个 10 m 长的外翼和翼尖组合件,彼此之间用机械方式连接,表面固化有防雷击的通网。整体油箱安装于机翼内部。

图 1-1 RQ-4"全球鹰"结构示意图

国内无人机结构也大量采用复合材料,有的甚至是全复合材料结构的。早期的无人机多以玻璃钢为主,比如西北工业大学研制的 ASN206 多用途无人机,南京航空航天大学研制的 BZK002 高级无人侦察机(该型号近期转为以先进复合材料为主),此外被称作中国版的全球鹰"WJ600"无人机,除机身中段采用部分金属材质外,机身基本全部采用复合材料,具有很好的隐身性能。

综上所述,以复合材料为核心的无人机机体结构装配技术是无人机的核心制造技术之一。

无人机的结构特点为:机翼或机身内多设计有整体油箱或软油箱,带有整体油箱的大面积复合材料机翼蒙皮表面有铜网或专门涂层,用于防雷击。梁由高模量碳纤维/环氧预浸料制造,蒙皮为层压板结构,前后缘均为蜂窝夹层结构等。机翼中金属框、肋与复合材料梁和蒙皮的连接多采用二次胶接或机械连接。

1.2 复合材料及其在无人机结构上的应用

1.2.1 复合材料的定义和分类

1.复合材料的定义

复合材料是由两种或两种以上的原材料通过物理的或化学的方法组合成的新材料。它主要由增强材料和基体材料两种组分组成。增强材料主要提供复合材料的强度和刚度;基体材料用于固定和保护增强材料,传递纤维间载荷,改善复合材料性能。

复合材料除保留原材料的某些特点,又具有新的特点,其具有可设计性。

2.复合材料的分类

(1)按基体材料类型不同,复合材料可分为树脂基复合材料、金属基复合材料、无机非金属基复合材料。

树脂基复合材料主要包括环氧树脂基复合材料、酚醛树脂基复合材料、不饱和聚酯基复合材料等热固性树脂基复合材料,以及聚苯硫醚基等热塑性树脂复合材料。

(2)按增强纤维类型不同,复合材料可分为玻璃纤维复合材料、碳纤维复合材料、有机纤维复合材料、陶瓷纤维复合材料、金属纤维复合材料。

(3)按增强体的形态不同,复合材料可分为连续纤维增强复合材料、短纤维增强复合材料等。

(4)按使用性能不同,复合材料可分为结构复合材料和功能复合材料。结构复合材料是指利用各种优良力学性能结构制造的复合材料;功能复合材料是提供除力学性能之外其他物理性能的复合材料,如导电、透波、辐射屏蔽、隔声、阻燃等功能复合材料,功能复合材料由功能体和基体组成。

1.2.2　复合材料的特点

作为结构材料的复合材料,与传统材料相比,具有下述不同之处。

1.可设计性

复合材料的力学性能取决于层合板的力学性能、结构尺寸和几何形状。层合板的力学性能取决于各层的力学性能、纤维铺设方向、铺层顺序及各定向层相对于总层数的比例。单层的力学性能取决于各组分材料(包括界面)的力学性能、各组分的含量以及各相之间的几何关系。

复合材料设计分为结构设计、层合板设计和单层材料设计三个设计层次。结构设计是根据层合板的力学性能来分析工程结构的力学特性,最终确定工程结构的尺寸和几何形状;层合板设计又称为铺层设计,是根据单层的力学性能确定层合板中各单层的铺设方向、铺设顺序和各定向单层的层数;单层材料设计是选择合适的基体和增强材料,并确定它们的体积含量。

复合材料的力学性能以及声、热、光、电、磁、防腐、抗老化等物理、化学性能,都可通过组分材料的选择和匹配、界面控制、铺层设计等手段来实现,以满足结构件的设计要求,从而满足工程结构件的使用性能。

复合材料的三个设计层次是互为前提、互相影响的,设计人员需要综合考虑材料性能和结构件性能,同时进行材料设计和结构设计。

2.复合材料与复合材料结构具有同一性

传统材料的构件成形是经过对材料进行再次物理加工完成的。复合材料的构件成形与材料成形同时完成,组成复合材料的组分材料在复合成材料的同时也就形成了构件,一般不再由复合材料加工成复合材料构件。因此,复合材料结构的完整性更好,可大量减少零部件及连接件的数量,从而降低成本,提高结构的可靠性。

3.成形工艺对材料性能有重要影响

复合材料构件在成形过程中有组分材料的物理和化学变化。不同成形工艺所用原材料种类、增强材料种类、纤维体积含量、铺层设计方案、结构设计方案也不尽相同。即使是相同的原材料种类、增强材料种类、纤维体积含量、铺层设计方案、结构设计方案和工艺方法,其工艺参数和工艺过程不同,复合材料结构的性能差距也较大。在成形过程中很难准确地控制工艺参数,造成复合材料结构的性能分散性比较大,因此,成形工艺方法、工艺参数和工艺过程对复合材料结构的影响是比较大的。

4.复合材料具有非均质性和各向异性的力学性能

从力学的观点来看,非均质是指物体内某点的性能是该点位置的函数,各向异性是指物体内的某点在某一方向上的性能是该点该方向的函数。复合材料所具有的非均质性和各向异性力学性能,使得单层和层合板的强度、刚度及其他参数都是位置与方向的函数,进而使其在外力作用下具有与传统各向同性材料不同的变形特征。

1.2.3 树脂基复合材料的性能特点

1.树脂基复合材料优点

(1)比强度高、比模量大。比强度是材料的强度与密度之比,比模量是材料的模量与密度之比。表1-1给出了常用结构材料的比强度和比模量对比情况。比强度和比模量是衡量结构材料承载能力和刚度特性的重要指标。相同质量的结构材料,比强度越高,承载能力越强,结构能承受的商用载荷越多,结构材料的经济性越好。据统计,小型民机节省1 kg结构质量的价值为40美元。

表1-1 常用机体结构材料的比强度和比模量

材　　料	密度 /(g·cm^{-3})	拉伸强度 /GPa	拉伸模量 /(10^2 GPa)	比强度 /(10^6 cm)	比刚度 /(10^8 cm)
铝合金	2.78	0.39	0.72	1.37	2.54
钛合金	4.52	0.71	1.16	1.54	2.52
结构钢	7.85	1.19	2.06	1.49	2.57
玻璃纤维/聚酯复合材料	2.00	1.24	0.48	6.08	2.35
有机纤维/环氧复合材料	1.40	1.37	0.78	9.59	5.46
碳纤维/环氧复合材料Ⅰ	1.45	1.47	1.37	9.94	9.26
碳纤维/环氧复合材料Ⅱ	1.60	1.05	2.35	6.43	14.39

(2)抗疲劳性能和破损安全性能好。疲劳破坏是材料在交变载荷作用下,由于裂纹的形成和扩展而产生的低应力破坏。在纤维复合材料中存在着无数的纤维/树脂界面,这些界面能够阻止裂纹进一步扩展,从而推迟疲劳破坏的发生。

复合材料在纤维方向受拉时的疲劳性能要比金属好得多。通常金属材料的疲劳强度极限是其拉伸强度的30%～50%,而碳纤维树脂基复合材料的疲劳强度极限是其拉伸强度的70%～80%。因而,在工程中常常用静力覆盖疲劳处理大多数的疲劳问题。

复合材料的破坏不像传统材料那样由于主裂纹的失稳扩展而突然发生,而是经历基体开裂、界面脱黏、纤维拔出、断裂等一系列损伤的发展过程。基体中存在着大量的界面、纤维以及由纤维承载,使材料成为典型的超静定体系。当少数纤维发生断裂时,其失去的部分载荷又会通过基体的传递而迅速分布到其他完好的纤维上去,从而在短期内不会使结构丧失承载能力,显示出良好的破损安全性。

(3)阻尼减振性能好。受力结构的自振频率与结构形状有关,与材料的比模量二次方根成正比。因此,复合材料结构有较高的自振频率,其结构一般不易产生共振。复合材料基体与纤维的界面有较强的吸收共振能量的能力,致使材料的振动阻尼很高,即使振动起来,也可在较短的时间内停下来。对相同尺寸的梁进行振动研究,铝合金梁需要 93 s 才能停止振动,而碳纤维/环氧复合材料的梁只需要 2.58 s 就可停止振动。

(4)良好的加工工艺性。可以根据复合材料结构件的形状、大小、设计要求、生产批量以及组分材料类型选择成形工艺,特别适合于大面积整体成形,减少零部件和连接件的数量,省时、省料、减重和降低成本。

(5)物理性能的多样性。复合材料除了具有优良的力学性能以外,一般还具有某些优良的物理性能,如电绝缘性能、高频介电性能、绝热性能、摩擦性能等。另外,选择不同物理性能的组分材料,可以复合成不同物理性能的复合材料。

(6)优良的耐腐蚀性能。复合材料具有优良的耐腐蚀性能,可满足在各种环境条件下长期储存的特殊要求,能够降低使用维护成本。

(7)优良的电磁波穿透性。复合材料具有优良的电磁波穿透性,聚合物基复合材料是一种非金属材料,具有特殊的电磁性能,改性后可具有一定的隐身功能,可实现结构/功能一体化,满足无人机隐身的技术要求。

(8)易形成智能材料、智能结构。复合材料易形成智能材料、智能结构,可为无人机大展弦比、高升阻比机翼提供气动特性和颤振主动控制,为柔性机翼的主动控制技术提供发展空间。

2. 树脂基复合材料缺点

(1)层间强度较低。一般情况下,复合材料的层间剪切强度和层间拉伸强度分别低于基体的剪切强度和拉伸强度,在层间应力作用下很容易引起分层破坏。在结构设计时,应采取措施减小层间应力。

(2)材料韧性低。多数增强纤维属脆性材料,拉伸时断裂应变很小。增强纤维复合材料也是脆性材料,各向断裂应变都比金属材料小得多。

(3)材料性能的工艺分散性较大。复合材料成形的工艺方法、工艺参数、工艺过程对性能的影响较大。

(4)受湿热环境因素影响较大。在不同温度、湿度条件下,复合材料的强度、刚度性能均不相同。

(5)破坏模式较多。复合材料破坏模式多样,有微观纤维断裂、基体开裂、强度破坏、失稳破坏等。

1.2.4 树脂基复合材料的应用

复合材料主要应用于航空航天、体育休闲用品和工业应用等三大领域,比例分别为

17％、27％和56％。树脂基复合材料是目前应用最广泛的复合材料。

先进复合材料，如聚合物基复合材料［碳纤维复合材料（CFRP）、芳纶复合材料（KFRP）］和金属基复合材料［芳纶铝合金层板（ARALL）、玻璃纤维铝合金层板（GRALL）等］具有优异的力学性能、比强度高、比刚度高，具有较好的延展性、抗腐蚀、隔热、耐高温等优良的性能，是理想的结构材料。

1. 复合材料在无人机结构上的应用

使用先进复合材料结构可实现飞机减重，在满足机体结构强度和刚度的前提下，可使无人机结构减重20％～30％。具有代表性的先进复合材料已在航空、航天等军事装备领域获得了广泛的应用。

"捕食者"除机身大梁外全机由复合材料制成；"暗星"全机采用复合材料外加吸波涂层，以满足其高隐身性能的要求；X-37无人机机体结构采用双马来酰亚胺预浸料制造。此外，以色列的"先锋"和"搜索者"、美国的"鹰眼"、英国的"不死鸟"和南非的"秃鹫"等无人机均为全复合材料的，且多数以碳纤维复合材料为主并混杂玻纤和芳纶等复合材料。

（1）RQ-4"全球鹰"无人机。美国RQ-4"全球鹰"无人机（见图1-1），除机身主结构为铝合金外，其余均由复合材料制成，机翼、尾翼、发动机短舱、后机身采用碳纤维复合材料制造，雷达罩、整流罩采用玻璃纤维复合材料制造，复合材料的用量约为结构总质重的65％。

RQ-4翼展为35 m。如图1-2所示，改进型RQ-4B翼展为39.9 m，质量约1 814 kg，是Vought达拉斯工厂交付的最长机翼，其结构形式与RQ-4基本相同，但组合方式不同，并在一些区域增加了铺层以提高结构强度和刚度。

图1-2 RQ-4B复合材料机翼及翼尖结构

整个机翼分为4段，两个大的翼盒在机身中心对接，两端各有一个翼尖组合件，两个复合材料结构在机身中线对接以提高气动效率。翼尖部分的制造采用了相同质量的树脂传递模塑成形（SQRTM）技术。新设计的翼尖包含3个主要部分：1个承扭盒、1个内翼肋（用于连接翼尖和主翼）及1个翼尖帽型件（Tip-cap Closeout）。每个承扭盒均包含6根层压复合材料桁条，机翼前后缘和外翼肋组成一个整体结构。原始的设计是每个承扭盒由2根蜂窝夹层结构桁条和多根翼肋组成,这增加了制造成本。利用 SQRTM 技术仅用 3 个模具就能完成左、右翼尖所有零部件的制备。其中,左承扭盒通过第 1 个模具制备,右承扭盒通过第 2 个模具制备,而其余部件则通过第 3 个模具制备。它们包括左、右内侧翼肋,左、右翼边帽形件以及帽形件底部用于覆盖检查孔的盖板。所有部件均采用 Cytec 碳纤维/7714A 环氧预浸料制造,碳纤维包括 M46J、AS－4 或东丽 T650 织物。先将零件和模具组合在一起,利用气动压力机提供的 0.8 MPa 压力将预浸料压实,当固化温度达到 121 ℃ 时,再通过 RTM5000 流控注射系统向模腔内注入少量的树脂产生 0.6 MPa 的压力。用这种技术制造的复合材料纤维体积分数可达 58%,孔隙率小于 0.5%,因此通过 SQRTM 技术制造的翼尖能满足或超过诺斯罗普·格鲁曼公司的对"全球鹰"机翼性能的要求,其质量还比原来降低了 5%。在早期的设计中,仅翼尖部分(位于机翼前端约 3.3 m 的位置)就包含了 12～14 个热压罐成形的零件,利用 SQRTM 技术,能简化制件结构、集成零部件和不使用热压罐,此技术帮助制造商大大降低了制备成本。

(2)MQ－1"捕食者"无人机。美国通用原子公司制造的中空长航时无人侦察机——MQ－1"捕食者"无人机,全机除主梁外,几乎全部采用复合材料,包括碳纤维、玻璃纤维、芳纶纤维复合材料以及蜂窝、泡沫、木块等夹层结构,其质量约为结构总质重的 92%,如图 1－3 所示。机身大量采用碳纤维织物/Nomex 蜂窝夹层结构加筋壁板,内部关键位置有碳纤维梁肋结构以保证足够的刚度,主要机体部分采用碳纤维/环氧预浸料手工铺叠/热压罐工艺制造,玻璃纤维复合材料用于雷达罩的制造,预浸料由数控裁床裁切,蜂窝芯型面由五轴数控切割机床加工。生产过程中借助激光投影设备以确保零件重复,进而确保精准生产。固化的复合材料层板采用机械手水切割技术切边。主梁以及尾翼梁、起落架支柱采用碳纤维织物闭模成形,并使用密封气囊确保足够的密实压力。

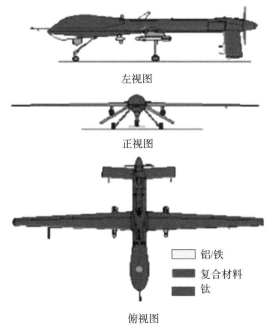

左视图

正视图

铝/铁
复合材料
钛

俯视图

图 1－3 MQ－1"捕食者"材料分布示意图

"捕食者"的加大型"狩猎者"MQ-9,2003年10月初首飞,主要机体采用碳纤维单向带预浸料及织物预浸料与Nomex蜂窝夹层结构制造。在机翼盒型梁顶端采用了SPECIALTYMATE-RIALS公司生产的Hy-Bor®硼纤维/碳纤维/环氧预浸料[Hy-Bor®(B4-MR-40/NCT301)]。Hy-Bor®预浸料是一种硼纤维和碳纤维组成的混杂预浸料,比单一的增强材料具有更好的弯曲和压缩性能,当考虑压缩应力时,还可以减少碳纤维的数量以达到减小质量的效果,其特性可以根据硼纤维与碳纤维的比例进行剪裁设计。标准的Hy-Bor®预浸料是采用三菱丽阳的MR-40石墨纤维和直径为0.1 mm的硼纤维以及121～149 ℃固化的NCT301环氧树脂制成的。Hy-Bor®预浸料还可以与其他任何商业化的石墨预浸料结合使用。

(3)"X-47B"无人机。复合材料成形工艺性好、可设计性强,先进的无人机,如美国"X-47B"无人机(见图1-4)、法国的"神经元"无人机(见图1-5)、国内的"攻击-11"无人机(见图1-6)等,多采用翼身融合的气动布局,需要结构上大面积的复合材料整体成形。

图1-4　美国"X-47B"无人机　　　　图1-5　法国的"神经元"无人机

图1-6　国内的"攻击-11"无人机

2011年2月首飞的X-47B是诺斯罗普·格鲁曼公司开发的一种低可探测的舰载无人空战系统(J-UCAS)。该无人机是世界上首架陆基和航空母舰都能使用的无人驾驶侦察攻击机,可实现超声速飞行。全机80%的结构由GKN航宇公司设计制造,其中机身骨架结构采用钛合金和铝合金制造,机身蒙皮、机背口盖和活动舱门等采用复合材料结构,90%机体表面由碳纤维复合材料制造,外翼由铝合金部件和碳纤维/环氧复合材料蒙皮组成(采用碳纤维复合材料可以比铝合金减重20%～30%),每个机翼均装有副翼,并拥有高度集成的电子和液压管路。机翼设计还包括折叠功能,以使飞机在航空母舰上占有更小的空间。

欧洲将无人战斗机作为其重点发展方向,试图通过无人战斗机的跨越式发展弥补与美国的差距。"神经元"无人战斗机于 2012 年 12 月 1 日进行首飞,隐身性能突出。在外形设计和气动布局上,该机借鉴了 B-2A 隐身轰炸机的设计,采用了无尾布局和翼身完美融合的外形设计,其 W 形尾部、直掠三角机翼以及锯齿状进气口遮板几乎就是 B-2 的缩小版。

在机体材料选择上,该机采用全复合材料结构,雷达辐射能量少,其体积和质量的减小使其在隐身方面具有有人机难以媲美的优势。

2.树脂基连续纤维增强复合材料

无人机机体结构主要使用的是树脂基连续纤维增强结构复合材料,如玻璃纤维/环氧树脂复合材料,碳纤维/环氧树脂复合材料,其增强纤维分别为玻璃纤维、碳纤维,基体为环氧树脂。

树脂基碳纤维复合材料比强度高,具有优良的透波性,全球近年来碳纤维的需求量逐年增加,国际上主要生产碳纤维的两大公司——美国卓尔泰克(Zolteck)公司和日本东丽公司,它们的产量也在不断增加。全球鹰、捕食者都使用了这种材料。近年来,国内无人机也广泛使用碳纤维复合材料结构。

玻璃纤维具有耐热、耐腐蚀、高强度及优良的电绝缘性能,是无人机上广泛使用的增强纤维,纤维越细,强度越高,硬度越大。玻璃纤维属脆性特征的弹性材料,其主要缺点是模量低。碳纤维是目前性能较好、成本较低、广泛使用的一种增强纤维,其比模量、比强度高,耐高温、耐腐蚀,主要缺点是性脆易断,使用前要制成预浸料。

环氧树脂是无人机上广泛使用的一种基体材料。环氧树脂黏结力强,具有较高的模量和强度,一般作为先进复合材料的基体,工艺性好、适应性强,不需高压固化。其缺点是吸湿性强,部分固化剂有毒,成本高。

3.无人机上常见的复合材料结构

无人机上常见的复合材料结构为复合材料层压板结构和夹层结构。面板、夹芯层及两者的胶接性能决定了夹层结构的强度和刚度。无人机的面板材料通常有玻璃纤维增强塑料(GFRP)和碳纤维增强复合材料(CFRP),夹芯则包含泡沫塑料、蜂窝、木质等种类。

(1)复合材料层压板结构。复合材料层压板结构是一种由一种或一种以上不同材料层经过交替层叠、压制和固化而成的结构,其通常由纤维增强树脂复合材料构成,如玻璃纤维、碳纤维或芳纶纤维等作为增强材料,树脂作为胶黏剂,制造时,材料层被依次叠加在一起,通过压制和加热使其固化为一体。

复合材料层压板结构具有强度高、刚度高、轻质、耐腐蚀和设计灵活等优点,不同材料的层结构可以发挥各自的特性,可以形成协同效应,提高整体材料的性能,因此多被应用于无人机机身蒙皮、机头头罩、机体大梁等部位。层压板结构质量会受到基体材料、加压工艺、加热温度等因素影响,需严格监控其制造工艺流程。

(2)蜂窝夹芯结构。蜂窝夹芯可选 NOMEX 蜂窝,结构具有比强度高、比刚度高、疲劳特性好、耐腐蚀、质量轻、可探测性低、隐身性好、隔热性好、耐冲击等特性。其价格便宜、工艺方法成熟,多用于无人机各部件蒙皮结构,如机身、机翼及尾翼安定面等。蜂窝夹层结构可有效弥补玻璃钢弹性模量低、刚度差的缺点,在同样承载能力下能较大幅度地减轻结构的自重,因此在航空工业特别是在无人机结构中得到了广泛应用。蜂窝夹芯结构示意图如图1-7 所示。

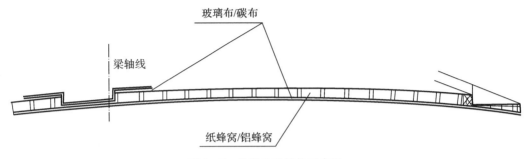

图 1-7 蜂窝夹芯结构示意图

蜂窝夹芯结构的缺点是:制造曲面结构较困难,蜂窝与形面贴合较难,需铣切加工,因蜂窝较软,不易装夹,因此加工困难;蜂窝为开敞式结构,蜂窝内易积水等液体,蜂窝与内、外玻璃钢面板胶接成形后,不易排除;在高空低温环境下结冰,易胀破面板,造成面板脱胶,从而破坏壁板蒙皮结构;蜂窝与壁板胶接面较小,蜂窝内需预浸一定厚度的胶黏剂,才能保证胶接强度,蜂窝内预浸的胶黏剂的厚度不容易控制,制品质量难以控制。

(3)泡沫夹芯结构。泡沫夹芯结构是承载效率较高的结构形式,适用于小型无人机的次承力结构和主承力结构,面板采用玻璃纤维复合材料,即可满足强度要求。

泡沫夹芯结构由上、下薄复合材料面板和泡沫芯组成,用胶黏剂将面板和芯材胶接成一个整体,如图 1-8 所示。其面板主要承受面内拉伸、压缩和面内剪切;芯材支持面板承受垂直于面板的压缩应力,并能防止面板在侧压载荷下产生屈曲,芯材承受压缩和剪切载荷。

泡沫夹芯结构复合材料面板根据载荷大小可选用玻璃布或碳纤维:

1)玻璃布成本低,黏结成形工艺性好,可在常温下进行胶接固化,适用于载荷较小、质量/刚度要求较低的部件。

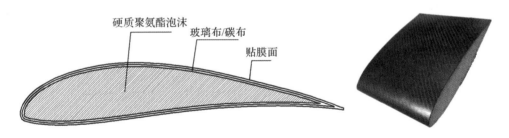

图 1-8 泡沫夹芯结构及典型切面

2)碳纤维成本较高,需高温、高压固化,热压罐成形;碳纤维强度性能好,适用于载荷较大、质量/刚度要求高的部件。

泡沫芯可选用 ROHACELL 泡沫板和硬质聚氨酯泡沫。

泡沫夹芯结构具有轻质、高强、结构刚度大、密封性好,结构抗破损性及漂浮性好等性能,多用于无人机舵面及尾翼结构。树脂基复合材料/泡沫塑料夹芯结构是一种采用树脂基复合材料作为蒙皮、采用泡沫塑料作为夹芯的夹芯结构形式。

在相同密度下,ROHACELL 泡沫是强度和刚度最大的泡沫材料。ROHACELL 泡沫板为闭孔结构,各向同性,平面和横向、法向都有较高的剪切模量,横向、法向变形小;100％闭孔泡沫,不易受潮和进水;可加温软化成形与面板贴合,成形性能好;ROHACELL 泡沫板为闭孔结构,低树脂吸收率,降低树脂吸收率,在一定程度上会减轻夹芯结构的质量,减少面板和芯材之间的树脂量,使之与壁板胶接面大,胶黏剂厚度均匀,从而提高胶接强度。

(4)硬质聚氨酯泡沫注射填充在已成形的复合材料层压板蒙皮内,不用加工芯材外形,结构形式、工艺方法简单,缺点是发泡性能不稳定,注射填充时泡沫芯材密度不易控制,容易超重,影响结构的重心分布和结构刚度。

各种夹芯结构一般采用共固化成形工艺、灌注发泡成形工艺及预制胶接成形工艺制造。

1.3　无人机结构分解

无人机装配过程一般是先将零件装配成比较简单的组合件和板件,然后逐步装配成比较复杂的部件,最后将各部件对接成整架无人机。

组合件为几个骨架零件彼此连接形成的装配件,如梁(见图 1-9)、框板(见图 1-10)、翼尖(见图 1-11)等。板件为由玻璃布、蜂窝、碳纤维布等胶接而成的层压件,如外升降副翼下蒙皮(见图 1-12)为碳纤维层压板结构,机身板件(见图 1-13)为玻璃布、碳纤维布蜂窝夹芯结构。部件由板件、组合件和零件装配构成(见图 1-14),在构造上和工艺上完整,它是构成机体的一部分。

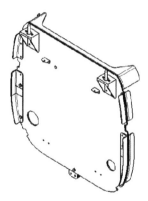

图 1-9　梁组件　　　　　　　　　　图 1-10　框板组件

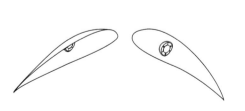

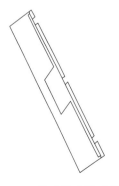

图 1-11　翼尖组件　　　　　　　　图 1-12　外升降副翼下蒙皮

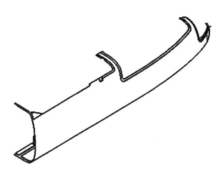

图 1 - 13　机身板件

根据结构和使用上的需要,无人机由许多部件和可拆卸件组成,其中:根据功能和结构的不同,将机身和机翼设计成单独的部件;舵面相对于固定翼面要做相对运动,因此将其划分为单独部件;为了便于维护、检查,某些部位设计有可拆卸件,如舵机口盖、舱盖、检测口盖等。

无人机结构划分成部件和可卸件后,部件与部件之间、部件与可卸件之间在结构上形成了分离面,这种分离面是为结构和使用需要而形成的,故称为设计或使用分离面。

无人机仅划分为部件,不能满足装配过程的要求。为了生产需要,需将部件进一步划分为板件及组合件等各种装配单元,如图 1 - 14 所示。这种为满足生产需要而划分的分离面称工艺分离面。

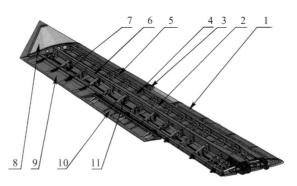

图 1 - 14　机翼划分为段件和板件示意图

1—机翼前缘;　2—机翼下板件;　3—翼肋前段;　4—翼肋中段;　5—机翼前梁;　6—机翼中梁;

7—机翼后梁;　8—机翼翼尖;　9—阻力方向舵;　10—外升降副翼;　11—翼肋后段

合理划分工艺分离面,增加了平行装配工作面,可缩短装配周期,减少部件装配型架数量。由于提高了装配工作的开敞性,提高了装配质量,如部件划分为板件后显著地提高了结构的工艺性,因此有利于提高连接质量,有显著的技术、经济效益。

无人机结构的划分,不仅要综合考虑结构、使用和生产上的要求,还要考虑由于划分引起的强度、质量和气动方面的问题。无人机设计时,需从成批生产的要求出发,考虑工艺分离面的部位、形式和数量。

对于无人机结构上已具备的工艺分离面,在生产中是否加以利用,取决于综合的技术、经济分析结果的好坏。

1.4　无人机装配基准

无人机各个部件外形的准确度,关系到无人机的飞行性能,因此如何在装配过程中提高其外形准确度,是连接装配中至关重要的问题,而选择不同的装配基准会出现不同的外形准确度。

1.4.1　以蒙皮外形为基准

先将蒙皮在型架(夹具)的外形卡板或合拢模具底座上定位好,再将骨架零件(或组件)贴靠到蒙皮上,并施加一定的压力使蒙皮紧于外形卡板或合拢模具底座上,之后将骨架连接起来,如图 1-15 所示。这种方法的误差是由外向内积累的,最终靠骨架的连接而消除。这种方法的外形准确度高,一般适用于高速无人机。

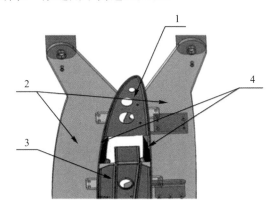

图 1-15　以蒙皮外形为基准的装配方法
1—肋前段；2—卡板；3—肋中段；4—上、下蒙皮

1.4.2　以蒙皮内形为基准

以蒙皮内形为基准的装配,是将蒙皮压紧在型架(夹具)的内托板(以蒙皮内形为托板的外形)上,再将骨架零件(一般为补偿件)装到蒙皮上,最后将骨架零件与骨架(或骨架零件)相连接,如图 1-16 所示。

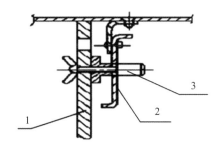

图 1-16　以蒙皮内形为基准的装配方法
1—内托板；2—零件；3—定位销

这种方法与上一种相比较而言,基本相似,只是其外形比前者多了一种误差(蒙皮厚度公差)。国外广泛采用该方法来装配大型无人机的机身部件。

1.4.3　以无人机骨架外形为基准

先将无人机骨架在型架上定好位并进行铆接,使其具有一定的刚度,然后将蒙皮装上,并对蒙皮施加外力,使蒙皮紧紧贴在骨架上,再将蒙皮与骨架铆接,如图1-17所示。其误差是从内向外积累的,故外形准确度低,一般多用于低速无人机。

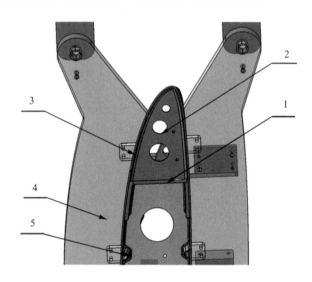

图1-17　以骨架为基准的装配方法
1—梁; 2—翼肋; 3—工艺垫片; 4—卡板; 5—长桁

1.4.4　新的内定位装配方法

数字化协调技术使装配定位方法发生了根本性变化,即采用内定位为主的装配方法,也就是主要结构件在装配时都利用由数字化协调制造的坐标定位孔直接进行定位装配,不需要大量的装配型架外形卡板,即使局部需要少量的外形卡板,这些局部外形卡板也是采用数字化设计制造的,从而大大提高了制造和协调的准确度,提高了工作效率,缩短了制造周期。

1.5　无人机装配定位

装配定位就是在装配过程中,确定零件、组合件、板件、段件之间的相对位置。

装配定位应保证定位符合图样和技术条件所规定的准确度要求,定位和固定操作要求简单、可靠,所用的工艺装备简单,制造费用低。

1.5.1　用基准零件定位

在一般机械产品中,由于零件有足够的刚度和较高的准确度,在装配时一般没有修配或补充加工等工作,因此大量采用这种方法。在飞机制造中,液压、气动附件以及具有复杂空间结构的操纵控制机构等,常采用这种方法定位、装配。

用基准零件定位是以产品结构件上的某些点、线、面及孔确定待装配零件的位置,这种定位方法简便易行,装配开敞,协调性好。基准零件一般是先定位或安装好的零件。

采用零件基准面、线及孔装配定位时需注意:按零件基准面装配,适用于刚度大的零件;按零件基准线装配,适用于机翼、机身等壁板的装配;按零件和型架的基准面装配,适用于需采用装配夹具装配的零件;按定位孔基准面装配,适用于以孔为基准的装配单元。

装配机翼时,机翼壁板为整体加筋结构,气动面作为贴模面以阴模成型。为保证机翼气动外形,且装配过程中有实现补偿的空间,壁板采用按其基准线定位的方法进行装配。梁、肋等零件则按定位孔基准面的方法进行装配。

装配机身时,可以按各框缺口来确定框在板件上的位置。装配机翼板件时,可以按已制好的蒙皮上的开口来铆装口框和配制口盖等。在无人机铆接装配中,此法常作为辅助的定位方法。图 1－18 为用襟翼的梁及肋来确定角片位置的示意图。

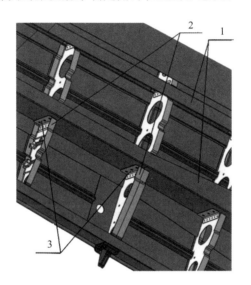

图 1－18　用襟翼的梁及肋来确定角片位置的示意图
1—梁；　2—肋；　3—靠梁及肋来确定位置的角片

1.5.2　划线定位法

根据产品图样上给出的尺寸,用通用量具(直尺、角尺、卡尺等)进行度量和划线(使用铅笔、划针等)以确定零件的安放位置,如图 1－19 所示。划线定位效率低,在成批生产中尽量不用或少用这种方法。划线定位法因划线误差较大(约 1 mm),其定位准确度较低,一般用于刚性较好的零件,且位置准确度要求不高的部位。对于图 1－20 所示翼肋组合件上的加强角材(工件 4 及工件 5),由于其位置准确度要求不高,可用划线定位。但上、下缘条(工件 1 及工件 2)的位置准确度直接影响部件的空气动力外形,故不宜用划线定位,即仅尺寸 L_1 及 L_2 可用划线法确定。

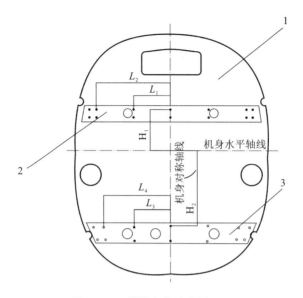

图 1-19 划线定位示意图(一)

1—二框框板; 2—伞接头承力梁; 3—滑橇接头承力梁

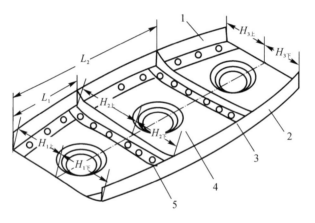

图 1-20 划线定位示意图(二)

1—上缘条; 2—下缘条; 3—腹板; 4,5—加强角材

1.定位步骤

(1)要看懂图样,确定航向和图样表示的是右件还是左件,以免将零件装错或装反。

(2)确定划线基准,根据产品图样给出的尺寸基准进行划线,在无人机装配图中肋和框的位置是以轴线为基准的,机身和发动机舱是以构造水平线和对称中心线为基准的,有的尺寸是间接尺寸,需要通过换算来确定。

(3)用划线工具进行划线时,为了避免误差积累造成的不协调,对于尺寸链的各个环节,都要按某一固定的基准为依据进行测量。图 1-21 中大梁上用来连接各肋的角材,都应以某一端为基准确定各个角材的位置。

(4)检验划线工作质量,在划线完结后要按产品图样仔细对照,检查划线有无差错、划线误差是否符合规定。

（5）按图样上铆钉的边距和节距划线，适当地钻制初孔，暂时进行固定。

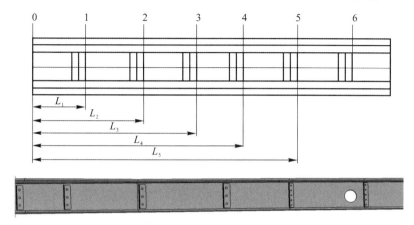

图 1 - 21　梁上各角材都以"0"肋为基准来划线

2.注意事项

（1）注意零件是铆接在梁腹板的前面还是后面。

（2）认准零件是右件还是左件，哪个面与所划线对准，哪个面铆接，两端是否上下颠倒。

（3）按技术文件选用划线用笔，以免划伤和腐蚀零件。

（4）划线笔应削得细尖，以免线迹太粗，影响准确度。

（5）划线笔运动平面垂直于工作表面，尾部向前进方向倾斜。

（6）暂时固定用具，应在与工件的接触面上黏以软质防磨材料（主要指金属蒙皮、肋等），以防将产品表面划伤、碰伤和磕伤等。

1.5.3　装配孔定位法

装配时用预先在零件上制出的孔来确定位置。装配孔通常是按样板预先在两面要装配的零件上钻制出来的孔，其孔径按技术文件规定制取，每个零件上装配孔不应少于 2 个，对于尺寸大、刚性差的零件应适量增加。这种定位方法适用于平板零件和单曲面零件，如图 1 - 22 所示。

装配孔

图 1 - 22　用装配孔定位法装配舵控盒支架

用装配孔定位的装配方法不需要使用专用夹具,因此在成批生产中,在保证准确度的前提下,应尽量使用装配孔定位的方法。对于一些形状不是很复杂的组合件或板件,如平板、单曲度及曲度变化不大的双曲度外形板件,都可采用装配孔方法进行装配。

1.定位程序

(1)对照装配图样检查零件是否合格,装配孔是否协调。

(2)按装配指令的顺序依次将零件的装配孔对准,用定位销或定位螺钉进行固定。

(3)检查零件固定是否正确。

2.注意事项

(1)注意零件是右件还是左件,不要装反。

(2)注意零件是装在基准件前面还是装在后面。

(3)注意零件上、下两端不要装颠倒。

(4)操作中注意保护零件表面,避免划伤、碰伤和磕伤。

(5)固定用具与产品接触面应黏软质防磨材料,如白色医用胶带等。

1.5.4 装配夹具定位法

由于无人机零件、组合件尺寸大,刚度小,因此,为了进一步提高零部件之间的协调性和互换性,确保装配准确度,在无人机装配中通常采用装配夹具(型架)定位来保证零组件在空间相对准确的位置关系。

装配夹具(型架)定位是无人机制造中最基本的一种定位方法,是保证无人机气动外形和零件、组件相对位置准确所不可缺少的工艺装备,它除了起定位作用外,还有控制零件形状和减少铆接变形的作用。对于薄壁结构的一些尺寸大、刚性差的零件的定位,往往采用超六点的"过定位"方法。

装配夹具定位比上述几种定位方法的准确度高,零组件装配位置的准确度取决于夹具本身制造的准确度。装配型架制造费用高,生产准备周期长,因此,在确保准确度的前提下,应综合采用各种定位方法。

零件或组件的位置按装配夹具上的定位件来确定,如图1-23所示。定位件是装配夹具的主要元件,形式多种多样,以适合各种不同形式的零件或组件的需要。

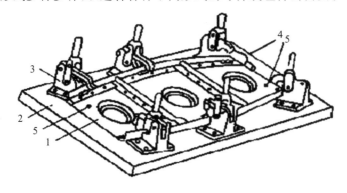

图1-23 用装配夹具定位示意图

1—肋腹板; 2—夹具底板; 3—定位件; 4—缘条; 5—定位孔销钉

1. 常见的几种定位形式

(1)以外形卡板定位蒙皮外形(见图1-15)或定位骨架外形(见图1-24)。

(2)以内托板定位蒙皮内形(见图1-16)。

(3)以包络板定位蒙皮外形(见图1-25)。包络式定位面板(或称包络板)可定位整个空间曲面外形。卡板及包络板一般位于部件外形的外侧。

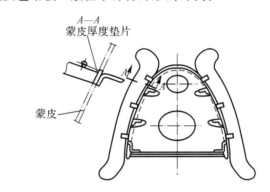

图1-24　以外形卡板定位骨架外形

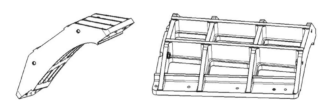

图1-25　以包络板定位蒙皮外形

(4)以定位孔定位:在夹具上给出定位器,同时在零件上通过样板或机床钻出定位孔,通过所钻出的孔来确定零件在夹具上的位置,一般常用于定位与外形无关的腹板,对外形准确度要求不高的无人机,也可用来定位与外形有关的隔框及翼肋等零件,见图1-17所示的翼肋腹板的定位,以及图1-26所示的某型机身板件装配夹具各框的定位。

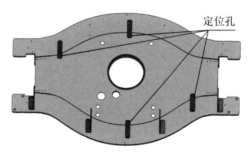

图1-26　某型机身板件装配夹具各框的定位

(5)以耳子或叉子定位器定位。用耳子或叉子形式的接头定位器定位接头(见图1-27)。对装有轴承的接头,使用叉子定位器需附带工艺垫片,以消除定位面之间的间隙,确保定位可靠。

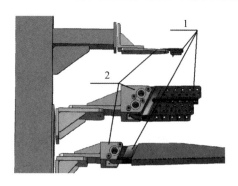

图 1-27　以耳子或叉子定位产品的叉子或耳子
1—产品接头；　2—接头定位器

（6）以定位板定位。在卡板上伸出定位板定位隔框或翼肋的轴线位置（包络式夹具则经常用卡板来确定主要构件的位置），或者在卡板或托板上安装挡板来确定长桁或角材等的位置，如图 1-28 所示。

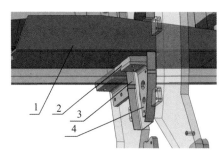

图 1-28　以定位板定位翼肋及机翼梁示意图
1—机翼梁；　2—定位板；　3—机翼肋；　4—定位板

2. 定位程序

（1）按装配指令要求将各定位元件放置于工作位置，并将压紧件退回到非工作位置。

（2）按装配指令规定的顺序将零件或组合件装到定位件上。

（3）定位及压紧被安装的零组件和叉耳接头，要注意两侧间隙是否相等，工艺垫片是否已经垫好。一般零件用基准面定位，使基准面与定位器紧密贴合，然后用压紧件压紧。

（4）划线按导孔钻固定孔，用定位销临时固定。

3. 注意事项

（1）使用夹具前需看懂工装图样，了解各定位器、压紧件的功用。

（2）注意夹具所标示的航向、构造水平线或水平基准线、对称中心线、弦线，以及各种轴线、切割线等，以便于检查定位的正确性。

（3）注意左右对称零件不要装反。

（4）零件定位压紧后，必须与定位件紧密贴合。

（5）对于有工艺垫片的，要注意在骨架与卡板间加上工艺垫片。

（6）夹具的定位件、压紧件等如有尖角部位，要采取防护措施，以免磕伤、碰伤零件。

（7）夹具各配合部位如使用不灵活，应注油润滑，不能用铁锤用力敲打，但允许使用木榔头。

1.5.5　二次定位

二次定位指装配过程中某些外形和接头已经装配完毕,而下一个装配阶段又需在另一个装配型架上再次定位。

1.6　无人机装配准确度

无人机装配完成后应达到设计要求的各项性能指标,其中包括无人机的空气动力性能,无人机的各种操纵性能、无人机结构强度和耐久性能等各项指标。

无人机机体的装配准确度直接影响无人机的使用和维护,因此保证无人机机体的装配准确度是无人机装配工作(包括装配型架的设计和制造工作)的主要任务。

无人机装配的准确度影响无人机的各项性能:无人机外形的准确度直接影响无人机的空气动力性能,各种操纵机构的安装准确度直接影响无人机的各种操纵性能,无人机装配的准确度会直接影响产品的互换性,零件制造和装配过程中产生的残余应力将影响结构的强度和疲劳寿命。在装配过程中采用合理的装配顺序和工艺措施,可以减小结构的变形和残余应力。

为保证无人机产品的质量,对无人机装配的准确度提出以下要求。

1.6.1　无人机空气动力外形准确度

无人机制造要求外形准确、表面平滑,因此无人机空气动力外形准确度包括无人机外形准确度和外形表面平滑度。

(1)无人机外形准确度。这一准确度是指无人机实际外形相对于理论外形的偏差,与无人机飞行速度有关。一般来说高速无人机比低速无人机要求高。不同的机型及同一机型的不同部分,有不同的准确度要求。在同一无人机上机翼部件比机身类部件要求高。图1-29所示为无人机各部件外形准确度要求。

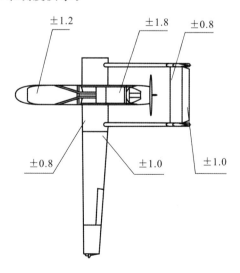

图 1-29　无人机各部件外形准确度要求

在同一部件上,在最大截面以前比最大截面以后准确度要求高,图1-30所示为某无人机外翼部件外形准确度要求。部件制造完成后,沿等百分线用直尺检查机翼外形准确度是否满足要求,用反切面样板检查机身外形准确度。

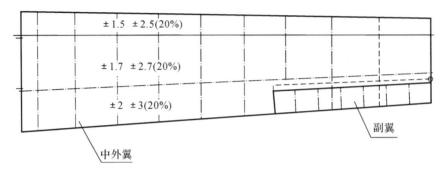

图1-30 某无人机外翼部件外形准确度要求

此外,还包括波纹度要求。波纹度是指相邻两波峰间波谷深度与波长的比值,如图1-31所示。L为部件外形波纹的波长,H_1、H_2、H_3为实际外形的波峰或波谷位置与等距外形的间隙,或与卡板、等距样板工作外缘的距离。外形波纹度定义为

$$\Delta\lambda = H/L \tag{2-1}$$

$$H = H_1 - \frac{H_2 + H_3}{2} \tag{2-2}$$

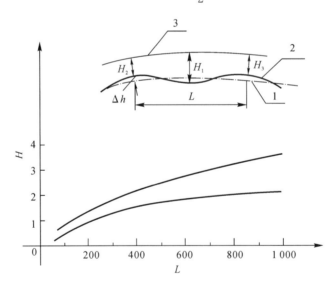

图1-31 部件外形波纹度要求

1—理论外形;2—实际外形;3—等距样板或卡板的工作外缘;

Δh—外形误差;L—波长;H—波深

(2)无人机外形表面平滑度。无人机外形局部的凸起和凹陷会影响无人机空气动力性能,无人机外形表面平滑度包括铆钉头、螺钉头等局部凸凹不平度、蒙皮对缝处的阶差等(见

图 1 - 32)。

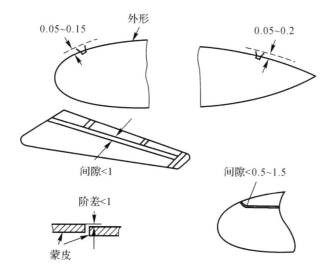

图 1 - 32　飞机表面平滑度要求

1.6.2　各部件间相对位置的准确度要求

无人机各部件间相对位置的准确度主要包括机翼、尾翼相对于机身的上反角安装角和倾斜角的准确度(见图 1 - 33),各活动翼面相对于固定翼面(安定面)的偏转角(见图 1 - 34)、配合间隙的准确度,尾撑杆的剪刀差的准确度等。

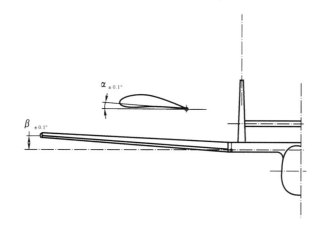

图 1 - 33　机翼相对于机身的位置准确度要求

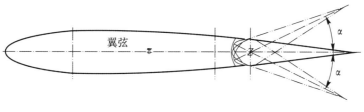

图 1 - 34　舵面的偏转角

图 1-35 为某型无人机对称性水平测量图,可看出测量点分布及机翼、尾翼对称性测量要求。

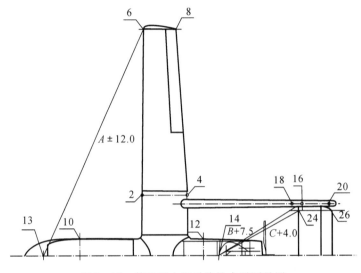

图 1-35 某型无人机对称性水平测量图

对于翼面的上反角、安装角、倾斜角和尾撑杆的剪刀差等,通常采用水平测量的方法来检查,即将各部件的相对位置按设计基准,通过装配型架转换成部件表面测量点的相对位置,然后用水平仪、经纬仪或激光跟踪仪来测量这些测量点的相对位置,以检查各部件间的相对位置。

图 1-36 是测量翼面的上反角、安装角和活动面的偏转角的测量示意图。

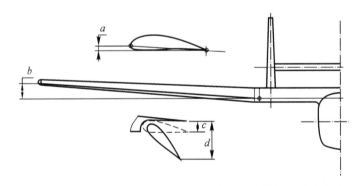

图 1-36 翼面的上反角、安装角和活动面的偏转角测量示意图

1.6.3 设计分离面上的协调准确度要求

无人机的各个设计分离面基本上都是有互换性要求的部位,因此除了为保证各部件相对位置的准确度需要保证对接部位的制造准确度外,为了保证其互换性还必须保证两对接部件对接部位的吻合性,即协调准确度要求,如对接面和孔的配合准确度、间隙要求、孔的同轴度要求等。一般来说,对接部件在结构设计上有调整补偿件,在对接时可用调整的办法达

到协调准确度要求,以简化对接工作,有的则需要通过补偿精加工达到这一目的。

1.7 无人机装配尺寸链

尺寸链就是在零件或装配件上,各零件表面及其轴线之间的一组尺寸(或角度)按一定顺序首尾相接形成的封闭的链。描述装配件中各零件尺寸相互关系的尺寸链称为装配尺寸链,如图 1 - 37 所示。

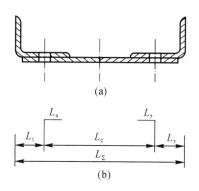

图 1 - 37 翼肋按装配孔装配时装配尺寸的形成
(a)翼肋; (b)装配尺寸链

在无人机装配中应用尺寸链是为了描述装配件的尺寸形成过程和分析装配准确度和协调准确度。

在尺寸链中,将零件加工或装配完毕以后形成的尺寸称为封闭环,图 1 - 37 中的 L_Σ。除封闭环以外所有的尺寸称为组成环。

在尺寸链中:一部分组成环的尺寸增大时,封闭环的尺寸随之增大,这些组成环称为增环;另一部分组成环的尺寸增大时,封闭环的尺寸随之减小,这些组成环称为减环。

如果尺寸链中所有的尺寸是相互平行的,那么这种尺寸链称为线性尺寸链。图 1 - 37 所示即为线性尺寸链。

如果全部和一部分尺寸互相不平行,但都在一个平面或平行的平面内,形成封闭的多边形,那么这种尺寸链称为平面尺寸链。

例如,图 1 - 37 中翼肋装配时各零件按装配孔定位,翼肋的装配尺寸链是线性尺寸链,影响翼肋最后外形尺寸的有翼肋角材上的装配孔和外缘间的尺寸 L_1 和 L_3、翼肋腹板上装配孔之间的距离 L_2,以及翼肋腹板和角材按装配孔定位时装配孔轴线间的不同轴度 L_4 和 L_5:

$$L_\Sigma = L_1 + L_2 + L_3 + L_4 + L_5 = \sum_{i=1}^{5} A_i L_i$$

式中: L_Σ—— 封闭环尺寸;

L_4 和 L_5—— 用装配孔定位时,两装配孔轴线不同轴度,其公称尺寸为零。

与翼肋装配尺寸链方程相对应,翼肋装配误差尺寸链方程则写成

$$\Delta_\Sigma = \sum_{i=1}^{5} A_i \Delta_i$$

式中：Δ_Σ—— 封闭环尺寸的误差；

Δ_i—— 各组成环尺寸的误差；

A_i—— 各组成环的传递系数，在线性尺寸中，增环的传递系数 $A_i = +1$，减环的传递系数 $A_i = -1$。

在平面尺寸链中，A_i 的值在 $+1$ 和 -1 之间，根据尺寸间的角度求得。

1.8 影响无人机装配准确度的误差分析与控制

影响装配准确度的误差：一类是与装配时所采用的定位方法无关的各种误差，一类是与定位方法有关的各种误差。

1.8.1 与定位方法无关的各种误差

(1)连接引起的变形误差。比如，铆接时，钻孔力、铆接力以及铆钉沿全长膨胀不均匀等因素，均会使结构产生变形，并在结构中产生残余应力。

(2)环境温度变化引起的变形误差。大型无人机部件的尺寸大，零件、装配件与工艺装备的材料不同，热膨胀系数不同，环境温度随季节和时间变化而异，必然使工艺装备和工件产生变形误差。

1.8.2 与定位方法有关的各种误差

(1)进入装配的零件、组合件的制造误差，包括装配时各定位面的尺寸误差。

(2)装配夹具的误差，包括装配夹具的制造误差和使用时产生的变形误差。

(3)工件和装配夹具之间的协调误差，包括零件、组合件之间协调误差，零件、组合件与装配夹具定位面和定位孔之间的协调误差，以及各装配夹具之间的协调误差。这些协调误差的存在，必然引起强迫装配，使工件产生弹性变形，在装配以后产生变形误差。

总体来说，装配误差是零件制造误差、零件定位误差、装配夹具误差和各种变形误差综合的结果，可写成

$$\Delta_{装配} = F(\Delta_{零件}, \Delta_{定位}, \Delta_{夹具}, \Delta_{变形})$$

在实际估算某个装配件的装配误差时，要根据装配件的尺寸形成过程和所采用的装配定位方法，列出装配尺寸链方程和误差尺寸链方程，将各组成环的误差（或允差）按一定的综合计算公式进行计算。

在进行误差的综合计算时，根据各环节误差性质又可将其分成两大类：一类是系统误差，一类是偶然误差。

1.8.3 系统误差分析与控制

系统误差是按一定规律重复出现的误差，或是常值，或是按一定规律变化的确定值。例如装配夹具的误差，一般情况下，一种装配夹具只制造一台，对所有在此装配夹具中装配的

装配件来说,这个环节的误差是常数值。再进一步来说,装配夹具的误差将随车间的温度变化而变化,但这种变化是有规律的,可以根据装配夹具的结构和所用材料,建立装配夹具变形误差与温度变化之间的函数关系。

1. 温度影响的分析与控制

解决生产工艺准备和生产过程中温差对装配协调的影响所采取的措施:一种是消除或减少产生温度协调误差的因素;另一种是采取设计和工艺补偿措施,以保证部件对接协调及生产中的尺寸协调。

(1)消除或减少产生温度协调误差的因素。

1)在关键的协调过程中尽量创造热平衡条件。在关键的移形、精加工和检测过程中,应使工作对象尽可能处于热平衡的稳定状态,有温差时就停放等待;工作地要避开任何热辐射或来自热系统的热气流,不应靠近外界或位于门通道之间空气流通的地方。

2)缩短协调尺寸。这主要是结构设计时取分离面的问题。在工艺上也有控制定位孔中心距,不使协调尺寸过大的问题。

3)热膨胀系数 $\alpha = 0$ 的原则。这就是要求工件和工艺装备、有关工艺装备或工艺装备的有关构件具有相等的热膨胀系数。实际上,采用铝制型架来装配铝合金部件,并不能完全解决温度协调误差的问题,采用复合材料模具制造复合材料也不能完全解决温度协调误差的问题。

4)$\Delta t = 0$ 的原则。这就是有关车间和工地的定温问题,恒温车间的基建投资大,维持费用高,只能在少数车间和工地施行。一般可采取适当控制温度和温差的措施,因地制宜地处理。

(2)对温度协调误差的补偿。

1)产品结构设计补偿。结构设计补偿形式多样:有用补偿件的形式,如在结合部位用带凸缘的偏心衬套(有余量、可调可换)等;有在结构上留有配合间隙,叉耳接头配合面之间的间隙必要时可在装配时配制垫片予以消除;交点结合孔与连接螺栓之间的间隙,一般在结构传力条件的设计中予以考虑。必须予以消除时,需采用膨胀螺栓。

2)工艺补偿。对残余温度协调误差的工艺补偿的形式也是多样的,包括工艺装备上和工艺过程中对温度协调误差的补偿措施。

2. 工艺装备的变形与控制

通过设计保证工艺装备结构足够的刚度。掌握焊接工艺装备的残余变形,在使用时就可把它当作系统误差来修正。对难以控制的地基沉降,为避免其引起型架和设备变形,除建造强度足够的地坪之外,应在型架和设备的结构设计上设法解决,例如使地坪受力均匀、型架和设备的底座高度可调等。

3. 装配变形和残余应力的控制

机体结构的装配变形主要包括连接过程所产生的变形和强迫装配所产生的变形。在大型无人机装配中,还有部件自重递增变化而使其上的交点接头的相对位置改变的情况。装配过程不仅要控制其残余变形,还应控制装配件中的残余应力,以满足其长期使用的要求。

1)连接变形。各种连接均可能使装配件变形,但变形显著,影响装配件质量的主要是普通铆接、熔焊和点焊。

在铆接过程中,工具对板件和钉头、镦头的锤击或挤压,钉杆对孔壁的挤胀,使工件在铆缝上伸长。如果铆缝在工件横截面中性轴的一侧,那么另一侧的工件材料在内应力平衡的条件下将在纵向受压,使整个工件弯曲,有铆缝的一边凸起。当铆缝分布广泛,铆接顺序选择不当,装配定位、夹紧不可靠时,工件将产生弯扭或翘曲的复杂变形。

为了减小铆接变形,尽可能采用压铆以及在产品结构中选用特种变形量小的铆接,合理安排铆接顺序,铆接前进行反向变形。

2)装配过程中结构自重变化使连接交点接头移位。机体结构上有些交点接头相对位置的准确度要求较高,如果在部件装配的早期必须将这些接头安装上去的话,那么随着部件装配工作的继续进行,结构质量逐渐增大,直到装配和安装工作完成后,结构质量才稳定下来。结构自重变化时,这些已装上结构的交点接头将随着结构变形而移位,这很难预先估计,但结构各组成元件和内部安装物的质量和重心位置是可以估计的,因此可预加工艺载荷来代替以后要装的元件、成品。在此条件下装上交点接头,即在结构有应力的状态下装上接头,部件装配和安装过程中逐渐换下工艺载荷,使交点接头相对位置的准确度符合要求。这种装配方法,工厂称之为"应力装配"。

装配过程中有可能改变其位置的交点接头,只要结构和工艺允许,就应尽可能后装,或先装可卸可换的工艺接头,最后换上真接头。换装真接头时要进行必要的位置调整。

3)强迫装配和加垫。在条件公差下,强迫装配允许消除的装配单元配合面(或交点孔)之间的协调误差决定于是否用装配夹具进行装配、被强迫装配的装配单元的刚度比和装配单元与装配对象的刚度比,以及装配对象许可的变形量和许可的装配残余应力。

1.9 各种无人机装配方法的装配准确度分析

1.9.1 在型架内以骨架外形为基准装配的准确度

当产品骨架零件的刚度比蒙皮的刚度大时,一般采用以骨架外形为基准进行装配(见图 1-38,其中:δ_1、δ_2 为蒙皮厚度;H_1 部件外形尺寸;H_0 为骨架外形尺寸;N 为卡板夹紧力)。

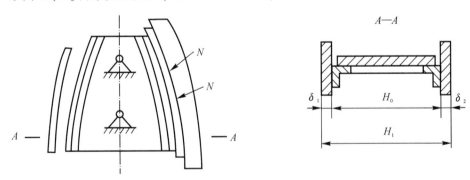

图 1-38 以骨架外形为装配基准

采用以骨架外形为基准装配时,产品装配的准确度主要取决于骨架装配准确度。骨架装配的准确度又取决于骨架零件和组合件的准确度以及装配夹具(型架)的准确度。其中,骨架装配的准确度主要取决于装配夹具的制造误差 $\Delta_{夹具}$ 和骨架在装配夹具中的定位误差

（协调误差）$\Delta_{定位（骨架-夹具）}$。

蒙皮在骨架上的定位误差（协调误差）$\Delta_{定位（骨架-蒙皮）}$ 种蒙皮厚度的误差 $\Delta_{蒙皮厚度}$ 对产品装配准确度的影响相对来说比较小。对于装配过程变形误差 $\Delta_{变形}$，难以准确确定其数值，一般按实际经验取值。以骨架外形为基准装配的误差尺寸链方程可写成

$$\Delta_{装配}=\Delta_{夹具}+\Delta_{定位（骨架-夹具）}+\Delta_{定位（骨架-蒙皮）}+\Delta_{蒙皮厚度}+\Delta_{变形}$$

在装配定位过程中，通过夹紧件的夹紧使骨架零件外形与装配夹具定位面贴合及使蒙皮与骨架零件外形相贴合的因素，将使协调误差有所减小，故应加上修正系数 $K_{夹紧}$。

因此，误差尺寸链方程可改写成

$$\Delta_{装配}=\Delta_{夹具}+(\Delta_{骨架-夹具}+\Delta_{骨架-蒙皮})K_{夹紧}+\Delta_{蒙皮厚度}+\Delta_{变形}$$

因变形误差可表示为装配总误差的一部分，即

$$\Delta_{变形}=m\Delta_{装配}$$

则误差尺寸链方程最后可写成

$$\Delta_{装配}=\frac{1}{1-m}[\Delta_{夹具}+(\Delta_{骨架-夹具}+\Delta_{骨架-蒙皮})K_{装配}+\Delta_{蒙皮厚度}]$$

式中：$m=0.1\sim0.2$ 时用于段件和部件装配；$m=0.3\sim0.4$ 时用于组合件和板件装配。

1.9.2　在型架内以蒙皮外形为基准装配的准确度

采用以蒙皮外形为基准进行装配，可以显著提高飞机外形的准确度，当然这需要飞机结构具备采用这种装配方法的条件。在夹具（型架）内，以蒙皮外形为基准的装配如图 1－39 所示，其中：δ_1、δ_2 为壁板与装配夹具不贴合间隙；H_1 为部件外形尺寸；H_0 为骨架外形尺寸。

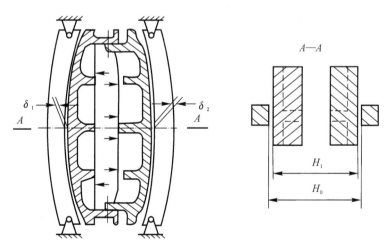

图 1－39　以蒙皮外形为装配基准

采用以蒙皮外形为基准装配时，首先在装配夹具中安装定位蒙皮，通过夹紧力使蒙皮外形与装配夹具定位表面贴合。这种装配方法的特点是装配夹具直接形成封闭环尺寸，因此装配后产品外形的准确度主要取决于装配夹具的制造误差 $\Delta_{夹具}$。

蒙皮有制造误差，当在装配夹具中定位时，蒙皮不可能与装配夹具定位面完全贴合，在

蒙皮外形和装配夹具定位面之间必然有间隙而产生定位误差 $\Delta_{定位(蒙皮-夹具)}$。此误差是由蒙皮和装配夹具之间的协调误差 $\Delta_{蒙皮-夹具}$ 引起的,考虑到蒙皮在装配夹具中通过夹紧力使蒙皮产生弹性变形与装配夹具定位面相贴合,$\Delta_{蒙皮-夹具}$ 将减小,故应加修正系数 $K_{夹紧}$。

同样,最后还应考虑到装配过程中产生的变形误差 $\Delta_{变形}$。

于是,在夹具内以蒙皮外形为基准装配的误差尺寸链方程为

$$\Delta_{装配} = \Delta_{夹具} + \Delta_{蒙皮-夹具} \, K_{变形} + \Delta_{变形}$$

令

$$\Delta_{变形} = m\Delta_{装配}$$

则误差尺寸链方程最后可写成

$$\Delta_{装配} = \frac{1}{1-m}(\Delta_{夹具} + \Delta_{蒙皮-夹具} \, K_{夹紧})$$

1.9.3　对两种装配方法装配准确度的分析

决定产品最后形状和尺寸准确度的各种误差中有系统误差和偶然误差。装配夹具的制造误差 $\Delta_{夹具}$ 是系统误差,而装配误差尺寸链中大多数是偶然误差,如零件制造误差 $\Delta_{零件}$、定位误差 $\Delta_{定位}$ 和变形误差等均属于偶然误差。

在一般情况下,一种装配件的装配夹具只做一台,对这一种装配件来说,装配夹具的制造误差是一定值。为了提高装配的准确度,应使装配夹具的制造和安装尽量准确。

定位误差取决于装配夹具定位面和有关零件表面之间形状和尺寸的协调误差。在装配时一般是通过装配夹具上的夹紧件施加夹紧力,迫使零件表面与装配夹具定位面贴合,在这种情况下,定位误差将显著减小。因此,定位误差要在装配夹具和零件之间协调误差的基础上乘以夹紧系数 $K_{夹紧}$。

装配过程中的变形误差对装配件最后的准确度有很大影响。变形误差是由很多结构-工艺因素引起的,其值很难通过理论分析和计算得出,只能根据经验给出一个近似值。对组合件和板件装配,一般是取 $\Delta_{变形} = m\Delta_{装配}$,$m = 0.4$,这将使装配误差为其他各环节综合误差的 1.7 倍。

1.10　提高无人机装配准确度的补偿方法

为保证无人机装配工作顺利进行,希望进入装配各阶段的零件、组合件和部件具有生产互换性。生产互换性是指这些零件、组合件和部件的形状、尺寸和物理机械性能保持在一定的误差范围之内,在装配时不需要任何修配、补充加工和调整,装配后可完全满足规定的技术要求。可见,具有生产互换性的零件、组合件和部件对组织装配工作是十分有利的,这是因为在装配过程中,不需对工件进行试装和修配,能减少大量的手工修配工作量,节省大量工时,缩短装配周期,有利于组织均衡、有节奏地生产。因此,在一般机械制造的大批或大量生产中,主要采用生产互换方法。在无人机成批生产中,也希望尽可能多地采用这种方法。实际上,在无人机成批生产中,许多钣金零件、机械加工件、装配各阶段的装配单元、部件都采用生产互换的方法,即在装配中不需要修配和补充加工。

　　然而,对结构复杂、协调尺寸较多的部位,或当零件、组合件的刚度较小且装配变形又无法预先估计的情况下,过于提高零件、组合件的制造准确度和协调准确度,在经济上是不合理的,在技术上也难以达到。因此,在无人机制造中,也采用了各种补偿方法。补偿方法就是零件、组合件或部件的某些尺寸在装配时可以进行修配、补充加工或调整,这可以部分抵消零件制造和装配的误差,最后能够满足技术条件所规定的准确度要求。

　　在产品准确度要求比较高的情况下,采用补偿方法可以在不过于提高零件、组合件准确度的条件下,在装配以后使装配件获得比较高的准确度。这样,装配工作量可能要增加一些,但从零件制造及装配工作综合来看,其具备技术经济效益。

　　在无人机装配中,常用的补偿方法分为工艺补偿和设计补偿。

1.10.1　工艺补偿方法

　　工艺补偿是生产中采取的补偿措施,如装配时相互修配,或装配后进行精加工。

1. 装配时相互修配

　　例如,机身或机翼壁板的尺寸一般比较大,有时长达 $2\sim6$ m,且零件刚度又小,而在装配时,蒙皮之间的对缝间隙有时要求又很严,一般 $\leqslant1.5$ mm。如果单靠零件制造的准确度来达到这样的间隙要求,实际上是很困难的。因此:在制造壁板时,在边缘处预留一定的加工余量;在装配时,和相邻的壁板或蒙皮相互修配,以满足预定的间隙要求,这就是修配方法。

　　在无人机装配中,凡是准确度要求较高的配合尺寸,在零件加工中用一般方法难以满足要求时,或者在零件制造时虽能满足要求,但可能由于零件、组合件(例如蒙皮边缘、桁条端头、整流罩边缘、舱盖边缘等)变形,难以在装配后满足预定的要求时,一般在装配时利用修配的方法。

　　在无人机制造中,为保证中翼和中外翼两个部件相对位置的准确度要求,在试制或小批量生产时,也可以采用修配的方法。考虑到前梁和后梁在叉耳宽度方向上的间隙要求容易满足,而难点在孔和螺栓的配合上,因此,对接接头上的孔预留出加工余量,一般为 $0.4\sim4$ mm,通过激光定位设备,将两部件调整在规定的位置,将接头孔同时加工到相应尺寸。

　　修配方法一般是手工操作。在相互修配时,要反复试装和修合,工作量比较大。在成批生产中,应尽量减少使用修配方法。

2. 装配后精加工

　　采用上述相互修配的方法来达到配合要求时,修配好后的零件、组合件或部件不具有互换性。如果要求互换,那么应在装配时分别单独按样板加工或在精加工台上进行精加工。

　　在无人机机翼接头精加工前,为对接平面和对接孔预先留出一定的加工余量。部件装配完后,在精加工台上根据靠模,铣切对接平面以及扩孔和铰孔等。

　　精加工台是专用设备,在该设备内除按钻模、样板加工对接接头外,一般不进行其他装配工作。精加工是部件装配的最后关键工作,必须慎重进行。

　　为确保部件间相对位置的准确度,部件在精加工台内的状态应尽量与全机水平测量时的状态相一致,定位时应注意避免产生强迫应力。

　　无人机的精加工为:在中翼、中外翼部件架内装配完成后下架前,按定位器上的钻模扩、铰孔,分别将两个部件对接接头的孔一起加工到最后尺寸。

对于一架无人机,哪些组合件和部件需要精加工,应根据无人机结构、产量、零件加工和装配等的实际情况而定。

1.10.2 设计补偿方法

设计补偿是在飞机结构设计时采取的补偿措施,以保证产品的准确度。在飞机结构设计时,可以采用垫片补偿、间隙补偿、连接补偿件以及可调补偿件等。

1. 垫片补偿

垫片补偿是无人机制造中经常使用的补偿方法,用以补偿零件加工和装配过程中因误差累积而产生的外形超差,或用以消除配合零件配合表面之间因协调误差而产生的间隙。

以骨架为基准进行装配时,在骨架装配好以后,通过检查骨架上某些局部外形超差,或骨架零件之间相交处的外形出现阶差,为了消除局部外形超差或阶差,在飞机设计中允许在骨架和蒙皮之间按实际需要加一定厚度的垫片。当然,为了控制结构的质量和结构的强度,对每个部件都规定了允许加垫的数量、面积和厚度。

在零件制造和装配过程中难以保证零件配合表面之间良好贴合的情况下,为了不致产生强迫连接,在结构设计中,有时有意在配合表面之间留有公称间隙。在装配时,根据实际存在的间隙尺寸加一定厚度的垫片,以补偿协调误差,一般在图纸上规定了允许加垫的部位和厚度。

垫片材料有铝合金、不锈钢或图纸上规定的其他材料。为了便于施工,可采用多层可剥离胶合垫片。图 1-40 为用玻璃钢填平梁与角片及接头间隙示意图。

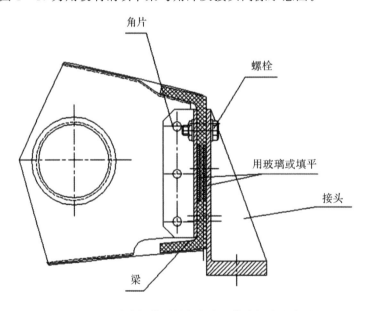

图 1-40　用玻璃钢填平梁与角片及接头间隙示意图

2. 间隙补偿

间隙补偿常用于叉耳对接配合面,或用于对接螺栓和螺栓孔,可用来保证飞机各部件之间对接的协调准确度和互换性。为了便于保证对接的协调准确度和互换性,叉耳接头的配合面,凸缘式对接接头的对接螺栓和螺栓孔之间往往有公称间隙的配合,这样可以减少装配后的精加工,甚至可以不进行精加工。

3. 连接补偿件

为了减少零件之间的协调问题和强迫连接,并保证装配准确度要求,在飞机结构设计中,往往在重要零件或组合件之间的连接处增加过渡性的连接角材或连接角片,这些连接角材或连接角片可起到补偿协调误差的作用。在飞机结构设计中经常采用这种设计补偿方法。

在机翼上,翼肋中段两端若通过弯边直接与前、后梁相连接,当装配时在翼肋弯边和前、后梁腹板之间必然会出现间隙或紧度而形成强迫装配。因此:机翼的翼肋中段与前、后梁一般是通过连接角材相连接的(见图 1-41),连接角材一方面有加强前、后梁腹板的作用;另一方面有补偿协调误差的作用,可避免翼肋中段和前、后梁之间出现不协调和强迫装配的问题。当然,在装配过程中,连接角材应先装在梁组合件上,而不能先装在翼肋中段。否则,连接角材起不到补偿作用。

当部件以蒙皮外形为基准进行装配时,结构的骨架和蒙皮分别在装配夹具中定位,在骨架和蒙皮之间则通过连接角材连接。在这种情况下,连接角片具有补偿零件制造和装配误差的作用,可以保证部件装配后具有较高的外形准确度。

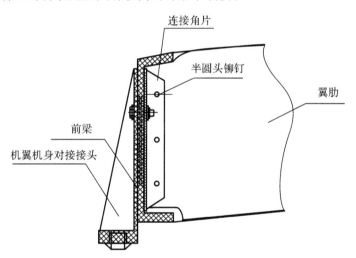

图 1-41　连接角片与梁及肋连接示意图

4. 可调补偿件

上述各种工艺补偿和设计补偿方法,可以在装配过程中补偿各种误差,在装配好以后一般不能再进行调整,而可调补偿件可在飞机装配好以后或在使用过程中对需要调整的部位进行调整。

某些部件之间的相对位置准确度要求很高,在部件装配时很难达到这些要求,而且在飞机使用过程中,结构产生了永久变形,使这些重要的部件间相对位置超差。在这种情况下,在飞机结构设计时需要采用可调补偿件,以便对部件间的相对位置进行调整,达到技术条件所规定的要求。允许在制造过程中调整的可调补偿件,一般在飞机图纸上明确限定了在制造过程中允许调整的范围,从而给使用过程保留了一定的调整余量。

思 考 题

1.简述无人机的结构特点。

2.蜂窝夹芯结构的优点是什么?

3.分析无人机结构分解的技术、经济意义。

4.分析两种装配基准的适用范围及优缺点。

5.分析各种定位方法的适用范围。

6.分析无人机装配的准确度对无人机性能的影响。

7.试述无人机装配准确度要求的内容。

8.简述装配尺寸链的作用。

9.影响装配准确度的误差有哪些?

10.简要分析两种装配方法的装配准确度。

11.无人机装配中,常用的补偿方法有哪几种?

第 2 章　无人机装配协调系统设计

内容提示

互换与协调方法是无人机装配工艺中的关键技术之一,本章:首先,讲述无人机互换与协调的概念,无人机制造中的互换、替换要求,无人机制造准确度和协调准确度及为实现该要求所采用的基于尺寸链的互换协调控制方法;其次,讲述无人机装配中,如型架分类、组成功用、特点、要求及安装等;最后,以某型无人机为例,对无人机研制中的指令性工艺文件和无人机装配工艺总方案进行详细讲述。

教学要求

(1)掌握无人机装配的互换与协调。
(2)熟知无人机装配工艺装备。
(3)掌握无人机装配工艺总方案。

内容框架

本章的内容框架如下。

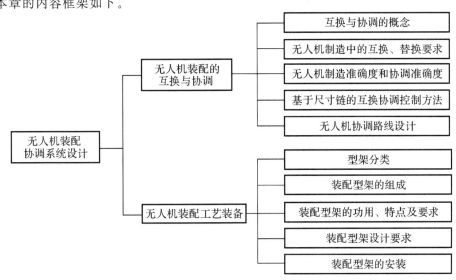

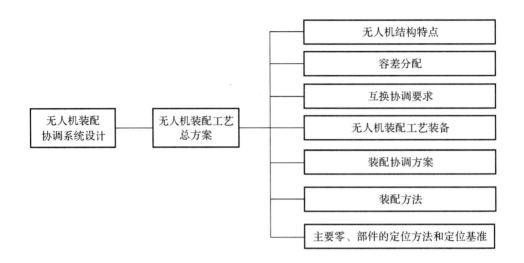

2.1　无人机装配的互换与协调

无人机装配的目的是使图样上无人机的几何形状及其尺寸能正确无误地传递到最终产品上,且其零件、部件是互换协调的。

2.1.1　互换与协调的概念

无人机制造中的互换性是指有配合关系的结构单元(部件、组件或零件)在分别制造后进行装配或安装时,除设计规定的调整外,不需选配和补充加工(如切割、锉修、钻铰、敲修等)即能满足所有几何参数、形位参数及物理功能上的要求。

几何、形位参数指无人机各部件外形、交点、配合互换。物理功能指无人机零、部件的强度,质量、重心、刚度等符合设计规定的技术要求。互换性要求仅适用于同一无人机结构单元。

使用性互换指有运动性质的组件和部件操纵运动情况符合设计规定的技术要求。批生产中,满足互换性要求的无人机可实现降本、增效、快速保障、延长寿命等。

无人机制造中的协调是指有配合或对接关系的两个或多个零件、组合件或部件配合部分的实际几何形状和尺寸相符合的程度。具有互换性的零、组件,其配合一定是协调的,而协调的零、组件不一定具有互换性。

无人机结构单元的互换性,按性质可分为两种。一种是使用互换性,如机翼各段之间,机身与机翼、回收系统、舵面等,即对在使用中可能损坏的机体部件、组合件(如机翼、尾翼、活动舵面、各种舱门、口盖等)及成品件(如发动机、任务设备、传感器、油箱等),要求不经挑选和补充加工就能更换,且更换后不影响无人机使用性能。另一种是生产互换性(装配互换性),如板件、梁、框、肋接头等,即为保证生产的正常进行,无人机的零件、组件和部件在装配或对接时,不经挑选及修配就能满足装配要求而不影响产品装配质量的特性。具有生产互换性的范围比使用互换性要广得多,具有生产互换性的零、组件可减少装配工作量、缩短装配周期、降低装配费用,有助于组织流水作业。

对于壁板、梁及整流罩等尺寸大、刚度小、形状复杂的零、组件,从技术及经济两方面考虑,只能要求不完全互换,在装配时进行修配或增加补偿件进行调整,这样的组合件及零件称为不完全互换。

　　无人机系统属复杂系统之一,产业链上有多家供应商。供应商提供的成品要求的互换性称为外部互换性,无人机机体内单元的互换性称为内部互换性。

　　无人机产品的互换性和协调性与高准确度非等同关系,互换性和协调性合称为互换协调。

2.1.2　无人机互换、替换要求

无人机互换、替换要求见表 2-1。

表 2-1　无人机互换、替换要求

序号	互换 替换产品	基准件	互换要求	替换状态
1	中翼	机身	互换	
2	中外翼	中翼	互换	
3	外翼	中外翼	替换	锉修板件
4	副翼	中外翼	替换	锉修板件
5	平尾部件	垂尾	互换	
6	升降舵	平尾安定面	替换	锉修板件
7	尾撑组件	翼-撑对接接头	互换	
8	发动机下罩	发动机罩	替换	锉修板件

　　1. 气动力外形的互换要求

　　(1)组合件及部件本身的气动力外形达到互换要求。

　　(2)组合件、部件安装在无人机上后,达到与相邻组合件及部件相对位置的技术要求。

　　2. 部件对接接头的互换要求

　　这类互换要求包括叉耳式对接接头间的配合要求和对接螺栓孔的同心度要求,如某型无人机中翼要求保证前、后梁对接接头的孔轴线与中翼弦平面不平行度小于 0.08 mm,保证对接接头间协调尺寸等。无人机互换要求示意图如图 2-1 所示。

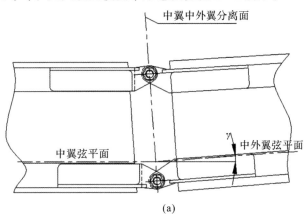

(a)

图 2-1　无人机互换要求示意图

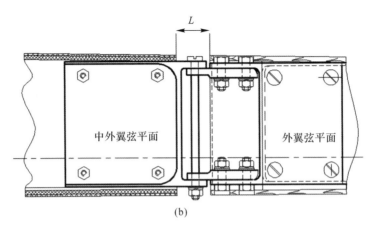

(b)

续图 2-1 无人机互换要求示意图

对接处蒙皮对缝的间隙要求见图 2-1(b),此外,还包括对接处两个部件端面的切面外形的吻合性要求,以及两个部件内各种导管、电缆等在对接面处连接的技术要求。

3.强度互换要求

零件、组合件和部件的物理机械性能及加工尺寸,应保持在一定的误差范围内,以保证产品的强度和使用可靠性。

4.质量、重心及推力线互换要求

无人机的质量、重心及推力线对无人机的性能有重要影响,要确保生产出的组合件、部件及无人机的质量、重心及推力线符合要求。

2.1.3 无人机制造准确度和协调准确度

无人机零件、组合件或部件制造准确度是指它们的实际形状和尺寸与无人机图样上规定的尺寸相符合的程度,制造误差越小,符合程度越高,制造准确度就越高。

协调准确度是指两个相配合的零件、组合件或部件之间配合部分的实际几何形状和尺寸相符合的程度,协调误差越小,符合程度越高,协调准确度就越高。要求工件与工件之间、工件与装配夹具之间有一定的协调准确度。

在无人机生产中,各结构单元的协调准确度远大于制造准确度。

2.1.4 基于尺寸链的互换协调控制方法

一般机械产品的协调准确度是通过独立地根据图样尺寸制造各零件和组合件实现的。配合尺寸之间的协调准确度是通过独立地控制各零件和组合件的制造准确度达到的。

无人机结构各异,形状复杂,零件数量多、尺寸大、刚性小、易变形,制造流程长,制造中使用大量的工艺装备,制造误差环节多,影响互换协调的因素很多。无人机制造中,如果用更高的制造准确度保证零件、组合件及部件配合部位的形状和尺寸的协调准确度,那么成本高,技术上也存在困难。在无人机装配中,为保证最终的无人机产品中零件、组件及部件之间的装配协调准确度,需采用特殊的工艺协调方案和技术方法。解决这一问题的核心是对尺寸链传递及误差的控制。制造任何零件,都需要用到一定的量具、工艺装备和机床,各种工艺装备又是通过按标准的尺度与量具制造出的测量工具或仪器制造的,最终通过工艺装备和机床,按图样及一定的工艺加工出工件的形状和尺寸。

在实际生产中,要使两个相互配合零件的尺寸取得协调,可通过独立制造原则、相互联系原则和相互修配原则实现。独立制造原则一般适用于形状比较简单的零件,如滑橇减震器或起落架、操纵系统等机械类零件。但随着计算机辅助设计(CAD)、计算机辅助制造(CAM)技术的不断发展,实现无人机零件的独立制造,指日可待。目前,形状复杂的零件多采用相互联系制造原则,生产中所用的工艺装备需按一定的协调关系依次制造,生产准备周期长。在无人机研制中,为缩短研制周期、降低研制费用,多采用相互修配原则进行协调,此时零件之间具有很高的协调性,但不具有互换性。

为保证无人机从零件到部件装配过程中产品的制造准确度和协调准确度,要优先保证装配中使用的各类工艺装备的制造准确度和它们之间的协调准确度。常见的尺寸链控制方法有模拟量尺寸传递方法及数字量尺寸传递方法。

1. 模拟量尺寸传递方法

模拟量尺寸传递方法分为模线样板-标准样件协调系统、模线样板-局部标准样件协调系统,其原理框图如图 2-2 所示。

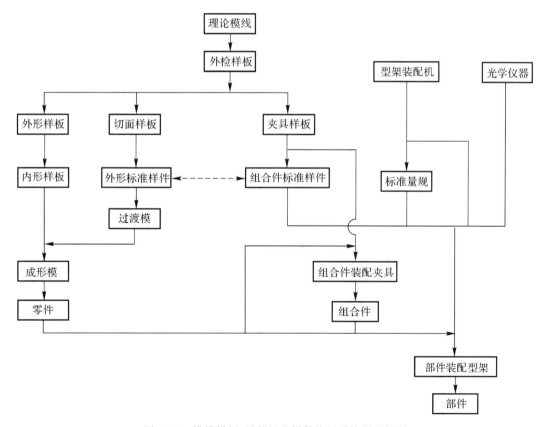

图 2-2　模线样板-局部标准样件协调系统原理框图

基于产品联系制造的原理,早期飞机制造中采用模线样板-标准样件协调产品的形状和尺寸。模线样板-标准样件协调系统适用于成批生产小型飞机。其优点是复杂型面即空间曲面外形使用外形标准样件协调,提高了零件的协调性,检查方便、直观。其缺点是生产准备周期长、费用高、技术要求高,不适用于大中型飞机制造。取而代之的是模线样板-局部标准样件协调系统,该系统中只制造局部标准样件和局部外形标准样件。通过使用型架装配机、划线钻孔台和光学仪器制造工艺装备,提高了制造精度,缩短了生产准备周期。

2.数字量尺寸传递方法

随着 CAD/CAM 技术的不断发展,无人机装配互换与协调技术发生了质的飞跃,CAD模型成为无人机制造的原始依据,形状和协调关系复杂的工艺装备的制造可以直接依据CAD 模型数据进行数控加工和数控测量,不需要经过模线和样板等尺寸传递过程,极大地提高了工艺装备的制造准确度和协调准确度,提高了加工效率,缩短了生产准备周期。无人机上整体框、肋、梁及整体壁板,也可采用数控加工和数控测量,以提高零件的制造准确度和协调准确度,减少尺寸链的传递环节。

采用 CAD/CAM 的协调系统采用独立制造的方法,通过 CAD 数模,将无人机的外形及内部信息传递给数据设备,进行零件和工艺装备数控加工。这样可省掉许多样板和标准工艺装备,图 2-3 为采用 CAD/CAM 系统原理框图。

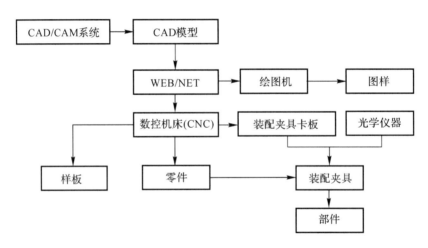

图 2-3   计算机辅助设计与制造协调系统原理框图

2.1.5   无人机协调路线设计

进行无人机协调路线设计时:首先,应保证无人机零件、组合件和部件的互换性,即保证其主要几何参数——外形、接头和分离面的互换性。其次,应保证基准零件或组合件的准确度。在装配时,如果以蒙皮表面为基准在装配型架内定位,那么需保证制造蒙皮的成型模具和装配型架的协调性,如果以骨架为基准在装配型架内定位,那么需保证零件外形与装配型架型面之间的协调性。如果按装配孔装配,那么需保证制造基准零件的工艺装备之间协调等。最后,产品制造尺寸传递环节应尽可能少,误差积累量为最小,共有尺寸环节为最大。

某型无人机采用飞翼气动布局,整机由机身、内翼及外翼三部分组成,为保证该无人机的互换协调性,采用数字化尺寸协调方法,如图 2-4 所示。

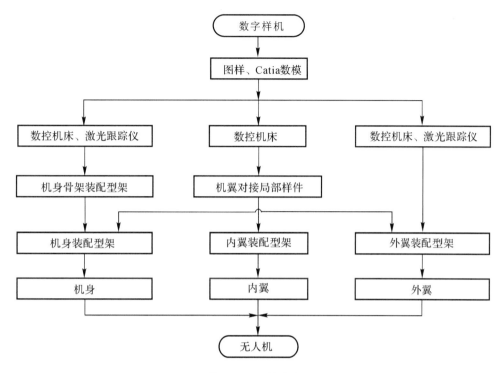

图 2 - 4　某型无人机数字化协调方法

2.2　无人机装配工艺装备

　　在一般机械制造中,由于绝大部分零件是刚度大的机械加工件,因此机器制造的准确度主要决定于零件制造的准确度。在装配时,零件之间的定位主要靠它们之间的配合面和定位孔,一般不需要装配夹具。

　　在无人机装配中,少量的翼肋、支架为铝合金钣金件、大部分无人机结构件是复合材料件,尺寸大、形状复杂、刚度小,容易产生变形,复合材料的各向异性以及固化过程的复杂性,使得复合材料的尺寸稳定性比金属差,难以预测,装配过程中容易产生干涉。

　　在装配时需将这些零件,按一定的顺序进行定位、制孔、连接,形成部件,最后将各部件对接成整架无人机。需使用复杂的适合无人机结构和生产特点的装配型架或夹具来保证装配准确度。即解决无人机装配过程中零件的定位、制孔及对接问题。这就离不开大量的样板、工装夹具,如装配型架、量规、标准平板等。

　　装配工艺装备简称型架,具有支撑、定位、夹紧等功能。型架的作用是在无人机装配过程中,特别是在完成无人机产品从组件到部件装配或总装配过程中,保证产品的准确度及互换性。在型架设计时采用“过定位”措施,可保证进入装配的各零、组件在装配时定位准确,保持其正确形状和一定的工艺刚度,以便进行连接。在无人机制造中采用装配型架,可改善劳动条件,提高工作效率,降低成本。

2.2.1 型架分类

装配型架用于无人机机体组件、部件等装配,是目前无人机装配中最主要、使用数量最多的工艺装备。无人机制造过程中使用的工装装备按用途或工作特点可分为样板(见图2-5、图2-6)、成型模(见图2-7)、钻孔夹具(见图2-8)、钻模板(见图2-9)、安装平板(见图2-10)、装配夹具、装配型架(见图2-11、2-12)、安装量规(见图2-13)等。

装配型架按装配对象的连接方法分为铆接装配型架、胶接装配型架等。装配型架按工序分为组合件装配型架、板件装配型架、段件装配型架和部件装配型架等,无人机大量采用复合材料胶接结构,在结构装配中大量采用胶接装配型架。某型无人机机身装配型架如图2-11所示。某型无人机中翼装配型架如图2-12所示。某型无人机中翼量规如图2-13所示。

图2-5 展开样板

图2-6 零件样板

图2-7 成型模

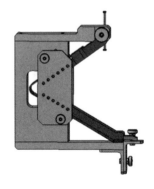

图2-8 钻孔夹具

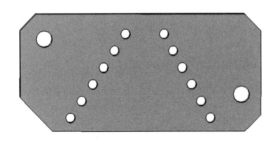

图2-9 钻模板

图2-10 安装平板

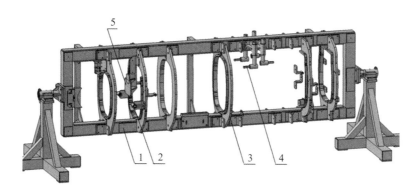

图 2-11　某型无人机机身装配型架

1—骨架；　2—定位件；　3—压框；　4—翼身接头定位器；　5—钻模板

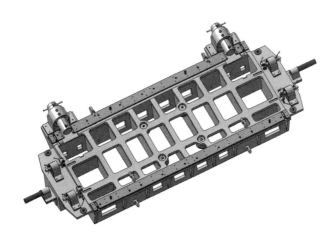

图 2-12　某型无人机中翼装配型架

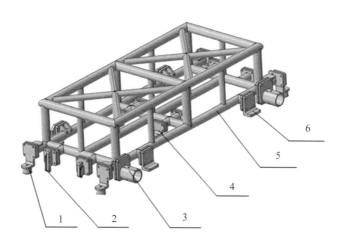

图 2-13　某型无人机中翼量规

1—标高；　2—接头样件；　3—翼撑连接接头样件；　4—机翼机身连接接头样件；
5—量规骨架；　6—发射支点定位器安装样件

使用中翼量规安装中翼装配型架的过程为:首先,按中翼装配型架底座上的标高孔及面,安放定位中翼量规;其次,按接头样件、翼撑连接接头样件、机翼机身连接接头样件、发射支点定位器安装样件等定位、安装接头定位器、翼撑连接接头定位器、机翼机身连接接头定位器、发射支点定位器等。安装中翼装配型架上各定位器时,要求定位插销转动灵活。

2.2.2 装配型架的组成

装配型架应具有一定的刚度。一般由骨架或底座、定位件、夹紧件、辅助设备等组成,各部分功能如下。

(1)骨架:骨架一般分为框架式、组合式、分散式及整体底座式。骨架是型架的基体,用于固定和支撑定位件、夹紧件等元件,以保持其元件的空间位置的准确度和稳定性。

(2)定位件:定位件是型架的主要工作元件,以保证工件在装配过程中具有准确的位置。定位件应准确、可靠,相互协调,使用方便。定位件按所定位和夹紧的工件特点分为带有弯边零件的定位夹紧件、外形定位件及夹紧件,包括卡板、内型板及接头定位件、型架平板及工艺接头定位件等。

(3)夹紧件:夹紧件一般和定位件配合使用,又名定位夹紧件,它是使工件牢靠地固定在定位件上的加力元件。夹紧件应装夹便捷,不能夹伤产品表面。

(4)辅助设备:辅助设备包括工作踏板、工作梯、托架、工作台、起重吊挂、地面运输车及照明、压缩空气管路等。通过使用辅助设备,可改善劳动条件,使工作安全、方便,减轻劳动强度,提高装配效率,降低成本。辅助设备是无人机装配型架中不可缺少的部分。

2.2.3 装配型架的功用、特点及要求

(1)型架构造应简单,元件应标准化。可通过正确选择工艺划分和装配顺序,用工艺孔(装配孔、定位孔)定位代替外形定位,用内型板代替外形卡板,采用工艺接头,用分散式骨架代替组合式骨架,先装工件定位后装工件,合理安置骨架元件等。型架元件标准化可提高设计质量,缩短生产准备时间,降低型架成本。

(2)保证产品的准确度及互换性。装配型架的定位件须有较高的位置准确度,装配时装配型架应能保持零件的准确形状,限制零件的装配变形。

(3)为保证产品的准确度,型架定位件的数量要根据零件或装配件的刚度适当增加;装配型架或夹具要能限制工件的装配变形。

(4)型架具有成套性和协调性的特点。装配型架之间,以及其与零件的工艺装备之间都要求相互协调。

(5)装配型架应能改善劳动条件,提高装配工作生产率,降低成本。

2.2.4 装配型架设计要求

无人机装配型架设计工作贯穿于无人机设计、工艺性审查及产品试制过程之中,装配型架的设计要求及技术条件由无人机装配技术人员提出,由无人机工装设计人员实施。

装配型架设计的依据包括型架设计任务单、结构图样与技术条件、产品装配方案或指令性工艺规程和工艺装备协调图表、型架设计技术条件,以及型架元件及结构的标准化资料等。

型架设计方案应确定的主要内容有:型架设计基准的选择,对相邻部件,应统一基准,力求简化尺寸的计算,与型架安装方法相适应;装配对象在型架中的放置位置应确保节约面积,操作舒适;根据工件刚度和生产经验选择工件的定位基准,确定定位精度、主要定位件的形式及其布置;根据工件尺寸决定工件的出架方式,可选择型架上方、纵向及侧向出架;确定型架的安装方法;确定型架的结构形式;骨架刚度、强度计算;型架支撑与地基估算;温度对型架准确度的影响,以及型架材料和地基的热膨胀系数对型架准确度的影响;等等。

装配型架设计一般有以下几项要求:

(1)使用性要求:定位合理、夹紧可靠、操作简单、工作开敞,便于操作人员施工,便于产品上架和出架,便于安装制造和定期检修。

(2)协调性要求:符合产品互换、协调方案,基准设置合理,便于协调统一,能保证与相关工装的协调。

(3)稳定性要求:结构合理,具有足够的刚性,活动定位件使用位置稳定。

(4)安全性要求:在产品的定位和夹紧过程中,要保证产品安全,使用中要保证人员安全。

(5)先进性要求:注重工装的工程化,使用新材料和高性能成品件,采用先进结构和定位方法。

(6)经济性要求:结构应简单,成本低,具有良好的制造工艺性,优先选用常用材料,采用标准化、模块化设计。

2.2.5　装配型架的安装

为保证大尺寸的、结构复杂的装配型架的安装准确度,从而保证无人机的装配准确度,就需要依赖大尺寸空间位置精密测量技术,如激光跟踪仪这种数字化光学测量设备。

对于小型装配型架或夹具,可使用钳工平台,用通用测量工具安装。为保证装配型架的厂际互换及定期检修,提高型架制造效率,可采用标准样件安装型架。为提高型架的装配准确度,可采用型架装配机安装。为弥补标准样件及机械式型架装配机安装型架的缺点,可采用光学仪器安装型架,以缩短制造周期,提高部件互换性。现代装配型架多采用激光跟踪仪进行测量安装和定检,无人机标准样件或装配型架大多采用这种方法进行安装,图 2-14 所示是某型无人机外升降副翼采用激光跟踪仪进行测量、调整和安装。

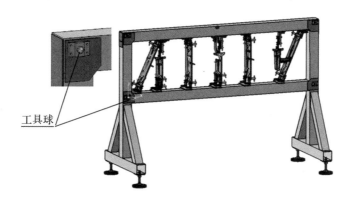

工具球

图 2-14　某型无人机中翼量规

2.3 无人机装配工艺总方案

无人机装配工艺总方案一般在研制及试制两个阶段编制,是无人机装配的工艺原则,是指令性工艺文件,是针对产品型号研制任务而制订的总体装配计划的流程,是指导无人机研制各项工艺工作开展的纲领性文件,也是制订生产计划、估算成本的重要参考文件。

无人机装配工艺总方案应满足设计要求,满足产品质量;工艺方案科学,技术措施可行,组织分工严密,生产布局合理,成本费用合理;与研制单位的工艺管理制度相适应。

无人机装配工艺总方案编制依据:研制任务书或产品订购、协作合同;产品总体研制方案和技术经济论证报告;产品设计图样和技术条件;装配的基本理论及方法;研制单位的生产条件和工艺技术水平;生产类型、批量及研制周期;生产所需资金的保障能力;等等。

无人机装配工艺总方案一般应包括下述主要内容:产品结构、性能和工艺特点;工艺分工原则;产品图样的工艺性审查原则;零组部件的互换协调原则及互换协调图表;工艺装备系数、配置原则和完成的形式和要求;零组件交接状态确定原则;"四新"项目及实施途径;关键工艺项目、工序的工艺措施;装配方案;等等。

2.3.1 无人机结构特点

某型无人机采用上单翼、双垂尾、后推式的气动布局。机身采用梁框式结构。机身板件采用玻璃纤维、碳纤维蜂窝夹芯结构或碳纤维层压板结构,机身梁由碳纤维/玻璃纤维复合材料层压板,通过环氧胶胶接在板件上。

机翼由中翼、中外翼、外翼共 5 段组成,具有大展弦比。机翼为双梁式结构,由金属接头、高性能碳纤维复合材料层压板梁、金属肋或复合材料层压板肋、玻璃纤维、碳纤维蜂窝夹芯结构或碳纤维层压板结构板件组成。

尾翼包括平尾和垂尾,尾翼安定面采用双梁式结构,板件为玻璃钢蜂窝夹芯结构或碳纤维层压板结构。梁为复合材料层压板结构或木质结构,肋为木质平面结构,接头为铝合金结构。

各舵面采用蜂窝夹芯或泡沫夹芯整体结构。尾撑为碳纤维和玻璃纤维缠绕而成的锥管结构。

无人机部件包括为机身、机翼(中翼、中外翼及外翼)、尾翼(尾撑及垂尾)、平尾等,如图 2 - 15 所示。

机身与机翼采用角盒垂直螺栓连接,中翼与中外翼采用可拆卸式螺栓连接,机翼与尾撑采用套管螺栓连接。尾撑与垂尾采用胶接,不可拆卸;平尾与垂尾采用耳片、螺栓连接。

机翼一般为单块式结构,主要承力件为上、下壁板/板件和前、后梁/墙,抗弯由上、下壁板/梁承受,抗扭由上、下壁板与前、后墙/梁组成的翼盒承担。

机身、机翼、尾翼主体的壁板为蜂窝夹芯结构,为了保证工艺分离面处有较好的合拢胶接面以及在加压成形时边缘处的蜂窝不被压瘪,结构设计上在壁板的边缘处采取了放置木条的措施。

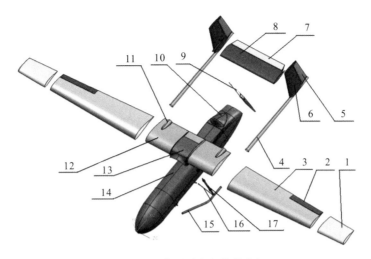

图 2-15　某型无人机结构分解

1—外翼;　2—副翼;　3—中外翼;　4—尾撑;　5—方向舵;　6—垂尾;　7—升降舵;
8—平尾;　9—螺旋桨;　10—发动机整流罩;　11—尾撑上整流罩;　12—中翼;
13—机翼机身整流罩;　14—机身;　15—滑橇;　16—斜撑杆;　17—减震器

2.3.2　容差分配

复合材料零件成形几何尺寸波动较大,结构件容易产生干涉,对复合材料结构件配合区型面等距向内收 0.2 mm。为保证机翼整体油箱的密封性,机翼壁板与骨架之间需涂密封胶,考虑到密封胶厚度对外形带来的影响,将骨架零件外形面整体内收 0.2 mm。

机翼装配型架为保证机翼理论外形,在肋轴线位置设置外形卡板。卡板内型面按理论外形设置 3 mm 等距间隙,再用同等厚度的橡胶粘贴进行补偿。当机翼外形产生局部超差时,可局部去除与外形面干涉的橡胶层,以保证装配的顺利进行。同时,卡板的橡胶层还起到了保护翼面表面的作用。

2.3.3　互换协调要求

1.主要协调部位

机翼的中翼、中外翼、外翼外形对接后要求协调。机身与翼身整流罩、发动机整流罩外形安装后要求协调。机身与机翼对接,机翼五段之间的对接,中翼与尾撑的对接及平尾与垂尾的对接及各操纵舵面与对应部件安装后,其外形要求协调。

2.互换(替换)要求

机体的主要互换(替换)项目包括机身与中翼,机身与回收装置、中翼与中外翼,中外翼与外翼,尾撑与中翼及各操纵舵面与对应部件等。

2.3.4　互换协调方案

根据无人机的结构特点并考虑到制造技术的发展及产品质量的提高,采用量规工作法和数字传递工作法相结合的原则,如图 2-16 所示。具体是,机身、机翼外形的协调采用

CAD建模和数据传递工作法,机身与机翼对接处的互换采用标准平板协调,中翼与中外翼、中外翼与外翼的互换采用量规协调工作法,机身梁、机翼梁成形模及梁组件铆接夹具之间的协调采用数据传递方法保证。

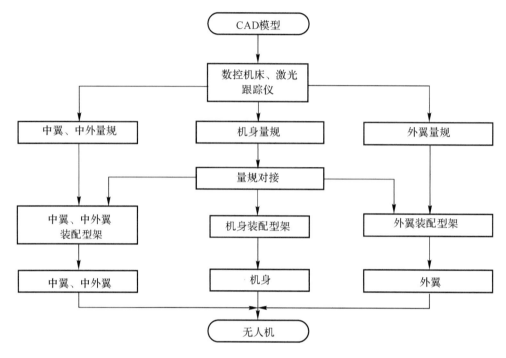

图 2-16 互换协调方案

2.3.5 无人机装配工艺装备

1. 铆接夹具

机翼前后梁铆接夹具分别为中翼前后梁、中外翼前后梁夹具,采用 CAD 设计、数控加工、型架装配机或光学工具安装。

2. 合拢模

合拢模有机身、机翼(中翼、中外翼及外翼)、平尾、垂尾、舵面等共 10 项,采用 CAD 设计、型面数控加工,各定位件用量规及标准平板进行定位、安装。

3. 标准工艺装备

标准工艺装备是具有零件、组合件和部件准确外形和尺寸的刚性实体,具有更高的准确度,是制造和检验生产工艺装备外形和尺寸的依据,是生产工艺装备协调性的重要保证。无人机标准工艺装备根据保证互换与协调的内容,分为:保证对接分离面协调的标准工艺装备,如标准量规和标准平板;保证外形协调的标准工艺装备,如外形标准样件,是保证无人机复杂曲面外形协调的标准工艺装备,是制造复杂外形成形模的原始依据,随着 CAD/CAM 技术的发展,已很少采用;保证对接分离面与外形综合协调的标准工艺装备。

无人机制造中常用的标准工艺装备有机身机翼对接平板、梁接头样件、机翼量规、接头安装板、模胎等。各件采用 CAD 设计,数控加工;量规采用焊接框架,数控加工;激光跟踪仪测量安装,各量规对接后检验制造准确度及协调性。

2.3.6　装配协调方案

1.工艺分离面的选取

机体各部件选取的工艺分离面为机身左、右板件(见图 2-17 和图 2-18)或上、下板件分离面,机翼上、下板件(见图 2-19 和图 2-20),尾翼、舵面板件等按机翼弦平面分为上、下板件等。

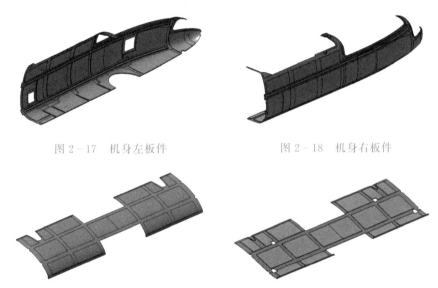

图 2-17　机身左板件　　　　　　图 2-18　机身右板件

图 2-19　机翼上板件　　　　　　图 2-20　机翼下板件

2.装配单元的划分

根据无人机结构的设计分离面和所选取的工艺分离面,将无人机分解为各独立的装配单元,主要分为部件、分部件及组合件。部件分为机身、机翼、尾撑、平尾、垂尾。分部件有机翼的中翼、中外翼、外翼、副翼,平尾的水平安定面、升降舵,垂尾的垂直安定面、方向舵。组合件有机身板件、机翼板件、平尾板件、垂尾板件、机身梁、机翼梁等。

2.3.7　装配方法

装配方法如下:

(1)在成型模具内完成各部件的板件及口盖的成型及装配。

(2)在胶接夹具内进行梁、接头及连接角片等的胶接定位、制孔及连接。

(3)在各部件及分部件的合拢模内进行机身、机翼、平尾及垂尾的定位装配。

(4)接头在合拢夹具上按定位器定位、胶接、制孔及连接等。

2.3.8　主要零、组件的定位方法和定位基准

根据无人机结构特点及无人机装配理论及方法,机身、机翼、平尾、垂尾的装配采取以蒙

皮外形为基准的装配方法。

各主要连接接头——如机身与机翼、中翼与中外翼、中外翼与外翼的连接接头,均采用孔定位、面贴合的方法。

1. 机身

机身外形以板件外形(合拢模型面)作为定位基准,各框板以发动机安装框轴线面为基准划线安装,机身机翼对接接头以接头的孔和面为定位基准,发动机安装框要与发动机架连接孔定位,框平面与定位器平面贴合。

2. 机翼

机翼外形以板件外形(合拢模型面)为定位基准;在展长方向,中翼以对称轴线、中外翼以小端(中外翼与外翼的分离面)、外翼以大端(外翼中外翼分离面)为定位基准;机翼各段的对接交点以机翼梁上的接头孔、面作为定位基准;与尾撑的对接以套筒内孔(或连接孔)及端面为定位基准。

3. 尾翼组件

尾翼组件以与中翼接头的连接孔及端面为定位基准。

4. 尾翼

平尾、垂尾板件以板件外形,即模具型面为定位基准;在展长方向,平尾以对称轴线为定位基准,垂尾以小端为定位基准。

尾翼各部分对接交点定位,以水平尾翼上的对接接头孔为定位基准。垂尾按垂尾合拢模或水平测量时按平钻模板钻制。

5. 尾撑

尾撑组件按翼-撑对接接头外径定位,按钻孔组合夹具上钻模板钻制机翼-尾撑对接孔。

思 考 题

1. 简述无人机互换与协调的定义,以及无人机制造准确度和协调准确度的定义。
2. 简述无人机制造中的互换要求。
3. 无人机协调路线设计的基本要求有哪些?
4. 常见的尺寸链控制方法有哪几种? 各有什么特点?
5. 简述装配型架的组成。
6. 简述装配型架的功用及特点。
7. 某型无人机结构特点是什么?
8. 某型无人机有哪些互换(替换)项目?

第 3 章　无人机结构机械连接

内容提示

连接技术在无人机装配中占有重要的地位,无人机装配所涉及的机械连接技术主要包括铆接和螺接。由于无人机以连续碳纤维树脂基复合材料结构为主,因此本章在讲述铆接、螺接技术的基础之上,重点讲述碳纤维复合材料制孔技术,碳纤维复合材料结构铆接、螺接技术及为防止电化腐蚀湿装配所用的密封剂及其配制、施工工艺。

教学要求

(1)掌握铆接技术。
(2)掌握螺接技术。
(3)掌握碳纤维复合材料制孔技术。
(4)掌握碳纤维复合材料结构铆接、螺接技术。
(5)掌握密封剂配制、施工工艺。

内容框架

本章的内容框架如下。

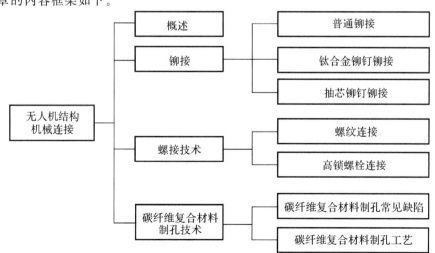

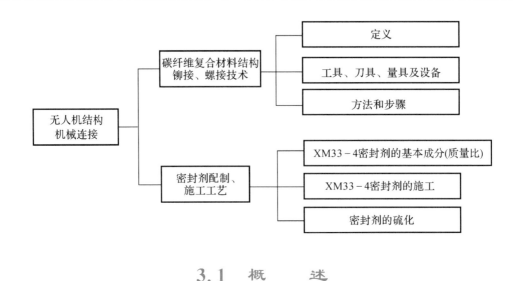

无人机结构机械连接
├── 碳纤维复合材料结构铆接、螺接技术
│   ├── 定义
│   ├── 工具、刀具、量具及设备
│   └── 方法和步骤
└── 密封剂配制、施工工艺
    ├── XM33－4密封剂的基本成分(质量比)
    ├── XM33－4密封剂的施工
    └── 密封剂的硫化

3.1 概　　述

连接技术在无人机装配中占有重要的地位,无人机装配所涉及的连接技术主要包括胶接、铆接和螺接等。

无人机机体上连接方法的选用主要取决于各部件的受力特点、结构及其构件所用的材料。铝合金薄壁结构的无人机大量采用铆接,约占全机总连接量的80%。铝合金夹层结构的无人机部件,主要采用胶接。当无人机部件采用以整体壁板和整体构件为主的结构时,主要以螺栓连接为主。

无人机结构中的重要承力部位,如各部件之间的可卸连接,主要采用螺栓连接。主承力结构,如接头与梁、框等,以胶接与机械连接的混合连接为主;次承力结构,如蒙皮与骨架,翼身整流罩与翼身等大量采用胶接;复杂和受力较大的部位主要采用胶接和螺接。对于复合材料结构,用得最多的是胶接、胶接加铆接或螺接的混合连接。

机械连接是无人机结构的主要连接手段,机械连接的优势在于:连接强度高、耐腐蚀和成本低;连接使用的工具简单;对连接面不要求预处理;适于在不开敞部位施工,如抽芯铆钉;检验方便、省工,出现故障时容易更换;能够满足无人机对疲劳性能的要求。

机械连接技术包括紧固件的基础标准,紧固件设计、制造及试验的标准,紧固件安装技术规范,安装需用的工具、设备及测试等。

随着无人机制造中整体结构、复合材料结构和钛合金结构应用的逐渐扩大,人们对机械连接技术提出了新的要求,对连接质量也提出了更高要求,这表现在钛合金连接件的应用上。据国外资料分析,现代飞机采用钛合金紧固件干涉配合连接技术,可使结构质量减轻4%,采用钛合金紧固件对飞机的减重效果,远超出连接件制造成本的增加。钛合金紧固件的应用在美国发展最快,已形成标准化系列。通过采用干涉配合连接技术,可以提高飞机结构的疲劳性能、密封性和减轻结构质量。国外在无头铆钉、单面抽钉、冠头铆钉和高锁螺栓、环槽钉、锥形螺栓上都采用干涉配合连接。无头铆钉沿其全长均匀膨胀,能使接头疲劳寿命提高数倍。高锁螺栓具有质量轻、体积小、抗疲劳性能好、密封性好、安装简单的特点,但结构复杂,成本高。

大型无人机结构连接由成组压铆向自动钻铆发展,自动钻铆机能完成干涉配合铆接,能适应多种永久性紧固件,如无头铆钉、钛铆钉、高锁螺栓等的安装。生产效率较高,铆接质量稳定。在难成型材料、大直径、厚夹层的铆钉连接处采用电磁铆接技术,可实现结构的长寿命、高可靠性连接。电磁铆原理是应用冲击大电流技术获得瞬时冲击载荷作用于铆钉,铆钉在应力波作用下遵照金属材料的动力学特性成型,如图 3-1 所示。

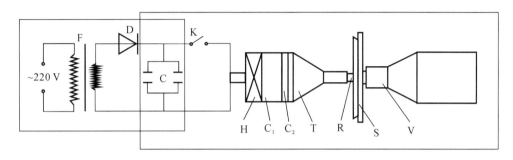

3-1　电磁铆接设备原理图

F—升压变压器;　D—整流器;　C—电容器;　K—开关;　H—缓冲器;　C_1—铆枪线圈;

C_2—次级线圈;　T—应力波调节器;　R—铆钉;　S—试件;　V—顶铁

基于设备及系统的可更换性,无人机机体的寿命就决定了无人机的总寿命,因此无人机疲劳破坏是无人机机体丧失工作能力的基本原因。疲劳就是在交变应力作用下,材料损伤逐步积累的过程,导致损伤性质变化,从而形成裂纹并发展到破坏的程度。疲劳破坏发生在远小于静载荷破坏的应力条件下,具有作用时间长、隐蔽性强的特点,危险性大。结构的抗疲劳性决定着该结构的寿命。飞机结构上每一个连接孔都是一个潜在的疲劳源。在所有的疲劳破坏中,多达 75%～80% 的疲劳破坏都发生在机体结构的连接部位,因此,了解影响铆接和螺栓连接寿命的主要因素就变得十分重要。

紧固件连接孔是无人机疲劳破坏的薄弱环节。结构的疲劳破坏多数是表面(包括孔壁)产生疲劳裂纹,使整个结构破坏。因此,必须采取工艺措施,推迟孔壁初始裂纹的出现和延缓裂纹扩展的速度,这些措施就称为抗疲劳强化工艺技术。提高疲劳寿命的工艺技术有渗碳、渗氮、干涉配合、喷丸强化、孔的冷挤压强化、压合衬套等。

制孔是无人机连接的关键环节,高质量的孔对提高结构疲劳寿命至关重要。无人机复合材料结构制孔要求:零件的夹紧力要大于钻、铰孔的轴向钻削力,以保证零件贴合;采取工艺措施以保证孔的垂直度,如使用导孔、钻模等,延长结构的疲劳寿命;采用新型钻孔装置以减少制孔中对孔壁的划伤;采用合适的制孔工艺及工艺规范,减小孔周的残余拉应力,提高结构耐久性;等等。

影响制孔质量的因素主要有结构材料、钻头转速、进刀量、刀具材料及刀具的刃磨等。

3.2　铆　接　技　术

无人机结构装配中,除大量采用胶接外,还采用铆接和螺栓连接。铆接按用途分为普通铆接、密封铆接、特种铆接、干涉配合铆接等。

普通铆接的缺点是增大了结构的质量,降低了强度,铆接件变形较大,疲劳强度低,但目前铆接仍然在无人机结构装配中有所应用,主要用在铝合金组件、铝合金角材与金属/复合材料梁、铝合金角材与铝合金/复合材料肋等的连接中。

铆接工艺过程比较简单,方法成熟,铆接的连接强度稳定、可靠,容易检查和排除故障,适用于机体各种组件和部件,其中:半圆头、平锥头铆钉连接用于机体内部结构及对气动外形要求低的外蒙皮,沉头铆接主要用于对气动外形要求高的外蒙皮,大扁圆头铆钉连接用于对气动外形要求较低的蒙皮及油箱舱等部位。

无人机上使用的铆接技术为普通铆接、钛合金铆钉铆接和抽芯铆钉单面铆接,使用的铆接方法主要有锤铆法、压铆法及拉铆法等。

3.2.1 普通铆接

铆钉连接简称铆接,是将铆钉穿过被连接件的预制孔经铆合后形成的不可拆卸连接,如图3-2所示。

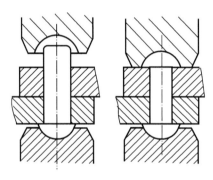

图3-2 铆钉连接

普通铆接是指最常用的凸头或埋头铆钉的铆接,其铆接过程是:制铆钉孔、埋头铆钉须制埋头窝、放铆钉、铆接。普通铆接典型工序如图3-3所示。

普通铆接的工艺简单,耐冲击,连接牢固、可靠,但结构较笨重,被连接件上的钉孔使其强度削弱,铆接时噪声很大。目前,铆接主要用于无人机组件、骨架及壁板与骨架等的连接中。

普通铆接的工艺过程为零件的定位与夹紧、确定孔位、制孔、制窝、去毛刺和清除切屑、放铆钉、施铆。

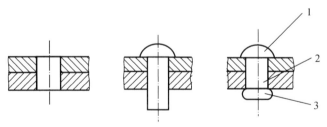

图3-3 普通铆接典型工序
1—钉头; 2—钉杆; 3—镦头

1. 零件的定位与夹紧

（1）零件的定位。零件的定位按划线定位，划线尺寸偏差按图样要求公差或指定的工艺要求，如果图样没写明要求，偏差按±0.5 mm处理；需要修配的零件应在定位修配后再进行下道工序，所用到的切割修锉工具有剪刀、锉刀、风砂轮、风铣轮、风动剪、风动锯等。零件可以按装配孔定位、按基准零件或已装零件定位、按装配夹具定位。

（2）零件的夹紧。在连接过程中，可使用夹紧工具对被铆接零件进行夹紧，可使用弓形夹或手虎钳、定位销、工艺螺栓、工艺铆钉、夹具上的夹紧件夹紧或橡皮绳等。零件必须夹紧，不允许有相对移动，且不能夹伤零件。

无人机结构上大量的连接孔是各连接零件在叠层状态下制出的，当叠层件贴合不紧密时，每钻透一层板件，都会在板与板之间产生毛刺，这不仅会造成应力集中，还会妨碍零件的紧密贴合，从而减小连接零件之间的摩擦力。刀具每次钻出、钻入时，还会造成断屑。由于切屑的运动方向改变，切屑可能填充在板件之间，从而进一步妨碍叠层贴紧。当受到交变载荷时，便加快磨损腐蚀的发展。为了避免切屑落入板件之间和减少毛刺，必须保证施加在叠层上的压力大于轴向钻削力，在夹紧力的作用下，完全消除连接零件之间的间隙，确保零件贴合。

工件的夹紧、定位工具有弓形夹、定位销钳、定位销（弹簧式定位销、螺纹式定位销）、工艺螺钉（栓）等，其中定位销直径一般比孔直径小0.1 mm。

2. 铆钉孔位的确定

钉孔的位置一般是指边距、排距（或称行距）、孔距，可按图样画线、导孔、冲点，用专用样板及钻模确定铆钉孔位。

按图样画线确定铆钉孔位操作要点：在铝合金零件上画线应使用2B、4B软铅笔，在镁合金零件上画线应使用不含石墨的特种铅笔。该方法虽然准确度低、效率低，但简易可行，适用于新机试制。

（1）按导孔钻孔即在相连接的一个零件上，按铆钉位置，预先制出较小的孔。导孔通常是制在孔的边距较小、材料较硬或较厚的零件上，在零件制造阶段就制出，装配定位后，钉孔按导孔钻出。蒙皮和长桁的铆钉孔是按长桁上的导孔钻出的。该方法的工作效率较高，常用于成批生产。

（2）按专用样板画出位置线再钻孔或直接钻孔，需注意定位基准。

（3）按钻模钻孔。为了保证孔的准确位置，使带孔的零件或组合件能够互换，采用按钻模钻孔的方法。例如，某油箱底板上的检查口盖，每个口盖上有数十个托板螺帽，底板上有相应的螺钉孔，为了保证各口盖互换，其底板和口盖上的孔均按钻模钻出，

按钻模钻孔不仅能保证孔的位置准确，而且钻模上的导套有导向作用，能保证孔的垂直度。按钻模制孔时需注意定位基准。

铆钉孔的边距、间距和排距偏差图样有规定的除外，一般偏差见表3-1。图样未注出边距时，一般情况下边距≥2d，d为铆钉直径。

表 3-1　铆钉孔边距、间距和排距偏差

边距偏差/mm	间距偏差/mm	排距偏差/mm
+1.0	±1.5	+1.0

图样上只注出铆钉间距而未注出铆钉数量时,铆钉数量的确定按图3-4所示的公式计算。铆钉排最后一个间距不允许大于图样规定的间距,或小于规定间距的50%,此时,最后两个间距应等距排列,间距不应小于铆钉直径的3倍。

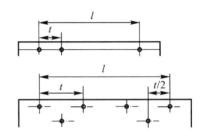

单排铆钉数:$n=1/t+1$
双排铆钉数:$n=2(1/t)+1$

图3-4 铆钉数量计算

3.制孔

制孔是铆接的必要步骤之一,其中,可使用风钻、手电钻、台钻、摇臂钻等,也可在自动钻铆机上钻孔。冲孔可使用手动冲孔钳、手提式冲孔机及台式冲孔机。铰孔可用手铰或风钻铰孔。

风钻的优点是质量轻、尺寸小,可以手动控制,进气阀门可调节进气量,以调节转速,超载时会自行停转。常用的风钻,其钻孔直径为2~6 mm,转速为4 000~20 000 r/min。

弯头风钻与普通风钻的主体结构部分基本相同,不同之处是弯头风钻将普通风钻的钻夹头换成了带弹性夹头的弯头结构。弯头是弯头风钻的特殊结构,能适应各种狭窄部位钻孔之需。

制孔需用到的钻头有圆柱柄麻花钻、硬质合金圆柱柄麻花钻、焊接加长杆麻花钻(用于风钻不能接近部位的钻孔)。其中:常用钻头直径为1.5 mm、2.0 mm、2.1 mm、2.5 mm、2.6 mm、3.0 mm、3.1 mm、3.5 mm、3.6 mm、4.0 mm、4.1 mm、4.5 mm、4.6 mm、5.0 mm、5.2 mm,常用铰刀直径为4 mm、5 mm、6 mm、8 mm、10 mm。

钻孔时,将内部零件上的孔引到外部零件上,需使用引孔工具,如引孔器,引孔器典型结构如图3-5所示,可根据结构形式进行外观设计。

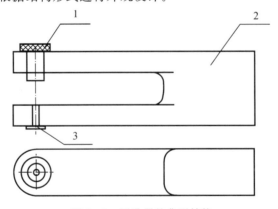

图3-5 引孔器的典型结构
1—钻套; 2—引孔器座; 3—引孔器定位销

铆钉孔直径及偏差见表 3－2。

表 3－2　铆钉孔直径及偏差

	铆钉直径/mm	2.0	2.5	3.0	3.5	4.0	5.0
钉孔直径	公称尺寸/mm	2.1	2.6	3.1	3.6	4.1	5.1
	偏差/mm	$^{+0.1}_{0}$				$^{+0.15}_{0}$	
	更换铆钉的孔偏差/mm	$^{+0.2}_{0}$					

注:更换加大一号铆钉时应按新制孔偏差要求。

铆钉孔椭圆度应在铆钉孔直径偏差内;铆钉孔轴线应垂直于零件表面,孔的偏斜引起铆钉头与零件贴合面的单向间隙不大于 0.05 mm;铆钉孔不允许有毛刺、棱角、破边和裂纹。铆钉孔边的毛刺应清除,允许在孔边形成不大于 0.2°的倒角。

制孔方法和工艺要点:根据钻孔部位的结构特点和孔的直径,确定钻孔工具和设备。风钻、手电钻适合于各类零件、组合件。平面型零件、组合件应尽可能使用台钻;尽可能从厚度大、硬度高的零件一面钻孔。从缘条、角材等硬度高的材料往腹板等较薄材料上钻孔时,应使用木块顶住腹板,使其贴紧。根据被加工材料,选择钻头的顶角,见表 3－3。

表 3－3　钻头顶角与被加工材料关系

被加工材料	钢	铝合金	镁合金	碳纤维复合材料
钻头顶角	118°～140°	90°～118°	80°～100°	110°～120°

钻孔时要求钻头与加工表面垂直(楔形件除外)。各零件上的同一铆钉孔,应一起钻至最后尺寸。

试验表明:紧固件孔沿外载荷作用方向倾斜 2°,疲劳寿命会降低 47％;倾斜 5°,可能降低 95％。对长寿命连接孔的制作,对孔的不垂直度要求不大于 2°。对于刚性较低的飞机结构而言,要满足这一要求是困难的,但在工艺上必须尽量采取措施满足要求。

一般铆钉孔不需要铰孔,但是直径大于 6 mm,夹层厚度大于 15 mm 的铆钉孔,则需要铰孔。对于直径为 5 mm 的钉孔,虽然不用铰孔,但为了保证质量,常常先钻初孔,然后扩孔。

4.制窝

一般采用锪窝的方式来制窝,可钻孔后单独锪窝,也可在钻孔的同时锪窝。

沉头铆钉铆接时用到的制窝工、刀具,按铆钉窝锪钻角度分为 90°、120°,按加工方向分为正锪窝钻、反锪窝钻,按铆钉直径分为锪窝深度限制器、复合锪钻、端面锪钻、反切端面锪钻、手用压窝工具。

窝的角度应符合铆钉头的角度 90°、120°两种;用铆钉检查时,钉头相对零件表面的凸出量为 0.1 mm。

窝的椭圆度允许偏差为 0.2～0.3 mm;窝的轴线应垂直于零件表面并与孔的轴线一致(楔形件除外)。窝轴线偏差所引起的铆钉头凸出量不应超过技术条件的要求;窝的表面应光滑洁净,不允许有棱角、划伤。

带有斜面的零件:当 $\alpha>10°$ 时,铆钉孔的端面应锪平;当 $\alpha\leqslant10°$ 时,端面不必锪平。铆钉孔端面锪窝直径如图 3-6 所示。

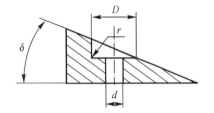

d/mm	2.6	3.0	3.5	4.0	5.0
D/mm	12		14		18
r/mm	1.5				

图 3-6 带斜面零件铆钉孔端面锪窝直径

锪窝有专用的锪窝钻(见图 3-7),用手工操作时,为了保证埋头窝深度公差,应采用能限制窝深的锪窝钻套(见图 3-8)。还可采用复合钻(见图 3-9),使钻孔锪窝一次完成,生产效率高。复合钻可以装在限制器上或直接夹在风钻上使用,也可装在自动钻铆机上使用。

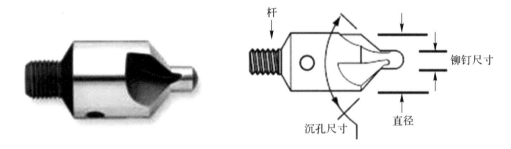

图 3-7 锪窝钻

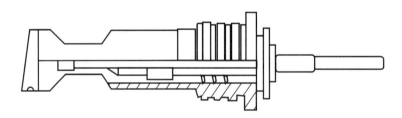

图 3-8 锪窝钻套

图 3-9 复合钻

锪窝钻直径与铆钉头直径的关系见表 3-4。

表 3-4　锪窝钻直径与铆钉头直径的关系

铆钉头角度/(°)	120				90			
铆钉直径/mm	2.5	3.0	3.5	4.0	2.5	3.0	3.5	4.0
铆钉孔直径/mm	2.6	3.1	3.6	4.1	2.6	3.1	3.6	4.1
锪窝钻导销直径/mm	2.6	3.1	3.6	4.1	2.6	3.1	3.6	4.1
铆钉头直径/mm	5.35	6.1	6.9	7.8	4.6	5.2	6.1	7.0
锪窝钻直径/mm	5.45	6.2	7.0	7.9	4.7	5.3	6.2	7.1

楔形铆接件的锪窝应采用带球形短导销,当楔形斜角大于 10°时,应锪出放置铆钉头或镦头的端面窝。

锪窝钻应与加工表面垂直并与孔的轴线一致,在有条件的地方应尽可能使用可调锪钻套,以便准确地控制窝的深度和垂直度。正式锪窝前应在试片上试锪合格。

5. 去毛刺和清除切屑

制孔后可使用顶角 120°～160°、直径比铆钉孔大的钻头清除钻孔所产生的毛刺,也可使用专用倒角锪钻及薄金属板去除钻孔产生的毛刺。对于厚度小于 0.6 mm 的腹板,只允许用薄金属板刮去毛刺。去除夹层毛刺时须分解零件,用薄金属板或非金属板进行清理后重新定位。

6. 放铆钉

在钉孔内安放铆钉,铆钉长度 L 按下述方法确定。

平镦头铆钉长度按经验公式确定,铆钉直径为 2.5 mm、3 mm 时按下式确定:

$$L = \sum \delta + 1.4d$$

式中:d—— 铆钉直径,mm;

$\sum \delta$—— 夹层总厚度,mm。

铆钉直径为 3.5 mm、4 mm 时按下式确定:

$$L = \sum \delta + 1.3d$$

双面埋头铆接的铆钉长度按下式确定:

$$L = \sum \delta + (0.6 - 0.8)d$$

式中:d—— 铆钉直径;

$\sum \delta$—— 夹层总厚度,一般情况下选 $0.6d$,有补加工的铆钉,夹层厚度大而铆钉直径小,选 $0.8d$。

7. 施铆

铆接通常采用中心法(由中心向边缘)和边缘法(由一边向另一边),以避免蒙皮产生波纹或鼓动。

铆接设备有固定式压铆机、手提式压铆机。

铆接工具包括铆枪(2KM、5KM 及 6KM)、空心铆钉抽钉枪(钳)、手打冲头、铆枪冲头及手提压铆机冲头。

手打冲头的头部按铆钉类型设计,杆部按铆接部位设计,有直、弯两种。

铆枪冲头分为头部、杆部、尾部。头部按铆钉类型设计,杆部按铆接部位设计,尾部与铆枪配合。

手提压铆机冲头有半圆头、扁圆头、平锥头及平冲头,冲头尾杆的尺寸应与铆枪配合。

冲头材料为T8A,热处理方法为淬火后回火,表面发蓝。顶把尺寸、质量、外形按需要设计,顶把的材料为45♯或T8A,表面发蓝。

在铆钉分解时,用手锤及铆钉冲从铆钉孔内冲出,去掉铆钉头后的铆钉剩余部分,铆钉冲如图3-10所示。

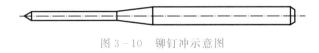

图3-10 铆钉冲示意图

铆接方法可选择手铆法、锤铆法、压铆法等。

(1)手铆法。手铆法就是用顶把顶住铆钉头、用冲头顶住铆钉杆,用手锤敲击冲头形成镦头的方法。

用手铆法铆接时需注意:手铆冲头应沿铆钉轴线方向敲击,铆钉头一面用顶把顶住;顶把一般夹在虎钳上;用半圆头、平锥头铆钉手铆时,顶把应按铆钉头制窝,也可把铆枪冲头夹在虎钳上代替顶把进行铆接。

(2)锤铆法。锤铆法分为正铆、反铆两种方法。正铆就是用顶把顶住铆钉头、铆枪施力于铆钉杆上形成镦头。反铆就是用铆枪施力于铆钉头上、顶把顶住铆钉杆形成镦头。一般选用正铆,特别是对铆接件表面质量要求高的部位。

锤铆的工艺要点为:铆枪的选择应根据铆接部位的结构特点和铆钉直径来确定;冲头的形式根据铆钉头的形状、铆接方法和铆接部位的结构特点来确定;冲头的尾杆和铆枪配合要准确;顶把的选择按铆接部位的结构特点来确定,要求能容易接近铆钉(握持方便,不易碰伤附近零件。根据铆钉材料、铆钉直径和铆接方法确定顶把质量,见表3-5。

表3-5 铆钉材料、铆钉直径和铆接方法与顶把质量的关系

铆钉直径/mm				2.5	3.0	3.5	4.0
铆钉材料	铝	正铆	顶把质量/kg	1.2~1.7	1.5~2.1	1.7~2.4	2.0~2.8
		反铆		0.5~1.0	0.6~1.2	0.7~1.4	0.8~1.6
	钢	正铆		2.0~2.5	2.4~3.0	2.8~3.5	3.2~4.0
		反铆		1.0~1.5	1.2~1.8	1.4~2.1	1.6~2.4

(3)压铆法。压铆既能保证铆接质量又能提高效率,只要结构允许应优先采用;钛合金铆钉铆接时优选压铆法,进行压铆前应先进行试铆。

铆钉头不允许有切痕、压坑、裂纹及其他机械损伤。沉头铆钉头相对表面的凸出量为0~0.15 mm。铆钉头应紧贴零件表面,允许不贴合的单面间隙≤0.05 mm,此种铆钉数不得超过铆钉排内总数的10%,并且不得连续分布。

铆钉镦头的形状应是鼓形的,不允许成为喇叭形、马蹄形,如图 3-11 所示。

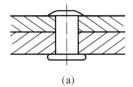　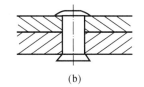　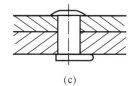

(a)　　　　　　　　　　(b)　　　　　　　　　　(c)

图 3-11　铆钉镦头形状示意图

(a)固形;　(b)喇叭形;　(c)马蹄形

铆钉镦头直径(D)及偏差、最小高度见表 3-6。

表 3-6　铆钉镦头直径(D)及偏差、最小高度

铆钉直径 d/mm		2.0	2.5	3.0	3.5	4.0
镦头	直径 D/mm	3.0 ± 0.2	3.8 ± 0.25	4.5 ± 0.3	5.2 ± 0.3	6.0 ± 0.4
	高度 h/mm	$\geqslant0.3$	$\geqslant1$	$\geqslant1.2$	$\geqslant1.4$	$\geqslant1.6$

$$h\geqslant0.4d$$

式中:$d\leqslant5$ 时,$D=(1.5\pm0.1)d$;$d>5$ 时,$D=(1.45\pm0.1)d$。

铆钉镦头不允许有切痕、裂纹、崩裂及其他机械损伤。

铆接后,铆钉处的零件间不允许有间隙,在两铆钉间允许零件间有局部间隙($\leqslant0.3$ mm)。铆接件不允许有被工具打出凹坑、碰伤的痕迹;在难铆接处允许有不大于 1/2 圆周、深度不大于 0.1 mm 的冲头痕迹。

在内部结构的铆缝上,镦头应该在零件材料强度高或厚度较大的一面,难铆接处可按施工的方便程度来安排镦头。

因铆接质量因素,加大一号的铆钉数应不超过铆钉排内总数的 10%。

8. 分解铆钉的方法和要点

首先,用与铆钉孔直径相同的钻头钻掉铆钉头,钻孔深度应不超过铆钉头高度;其次,用铆钉冲把铆钉杆冲出钉孔,铆钉冲直径可以等于或小于被分解铆钉的直径。

分解半圆头铆钉时,在铆钉头中心处打冲点,或用锉刀稍锉平,以避免钻头打滑而损伤零件;夹层厚度较大,且从钉头一面分解铆钉较困难时,可用扁錾把镦头錾去,然后把铆钉杆冲出钉孔,应避免损伤零件。

9. 铆接缺陷及排除方法

铆接缺陷及排除方法见表 3-7。

表 3-7　铆接缺陷及排除方法

缺陷种类	产生原因	排除方法
沉头铆钉头凹进零件表面	窝锪得太深;铆钉头不合格	加大铆钉;更换铆钉
沉头铆钉头凸出零件表面	窝锪得太浅;铆钉头不合格	重新锪窝;更换铆钉
铆钉杆在钉头下(零件外)镦粗	顶紧力过大	更换铆钉

续表

缺陷种类	产生原因	排除方法
铆钉头与零件表面有间隙	冲头位置不垂直	补铆或更换铆钉
铆钉头、镦头有伤痕	冲头、顶把掌握不好	更换铆钉;补铆
镦头形状不正确	铆钉长度有误;顶把掌握不好;铆接力不够	
被铆零件间有间隙	零件贴合不好	重新铆接
铆钉头处零件被打伤	冲头窝太深或安放不垂直	严重时更换零件

10.质量控制

铆接完成或铆接过程中,须依据图样、设计技术条件、工艺指令等进行铆接质量控制。

铆接测量时使用的通用量具有钢板尺、卡尺、千分垫,专用量具有镦头极限量规,专用量规及锥形塞尺,通用量具示意图如图 3-12 所示。

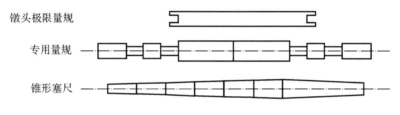

图 3-12 通用量具示意图

(1)检查装配定位准确度。按尺寸划线定位的零、组件,用通用钢板尺或游标卡尺检查。用塞尺检查零、组件间的不贴合间隙。

(2)检查制孔质量。孔间距、孔边距用钢板尺或游标卡尺检查,应符合图样、工艺指令;孔的垂直度可采用塞尺检查铆钉和零件表面的不贴合间隙;目视检查孔的表面有无棱角、毛刺及轴向划痕;用专用量规检查孔的直径;用锥形塞尺检查孔的椭圆度。

制孔中,孔壁轴向划痕是促使紧固孔疲劳性能降低的主要因素之一。轴向划痕引发的裂纹比螺旋形纹路、擦伤等有更大的扩展速率。具有高速旋转退刀功能的钻孔装置可以从根本上消除轴向划痕的产生,其钻孔的寿命增益大约比普通钻孔延长 40%。

(3)沉头窝质量的检验。表面光滑无棱线,用沉头铆钉检验角度符合图样要求。

(4)钉头、镦头铆接件质量检验。用塞尺检查铆钉头与零件表面的间隙,用游标卡尺检查铆钉镦头直径和高度,用塞尺检查铆接后零件间可测间隙。

3.2.2 钛合金铆钉铆接

钛合金强度可达 1 200 MPa,和调质结构钢接近,高于铝合金 20%,而其密度比钢小很多,因此其比强度高,具有良好的热强度、断裂韧性和耐腐蚀性。

钛合金硬度高、塑性差,铆接难点在于:冷铆时钉头容易产生裂纹,钉杆镦粗量小,不易填满钉孔,镦头形成困难;冷铆工艺性差,压铆尚可,不适宜采用锤铆法。

尽管钛合金的冷加工性差,材料价格和加工费都比铝合金高得多,但在无人机结构如复合材料与连接角片的连接等,仍有应用。

　　钛合金在一定温度范围内塑性良好,例如 TB2 钛合金在 700 ℃以上塑性就好,容易形成镦头,因此,可采用加热锤铆法,即热铆,以消除常温铆接时产生的加工硬化现象。如采用点焊机(电阻焊)加热方式,由电极与铆钉之间的接触电阻产生所需的热量,在压力作用下形成镦头,如图 3 - 13 所示。胶黏剂的耐高温性不够,不适用于复合材料结构。

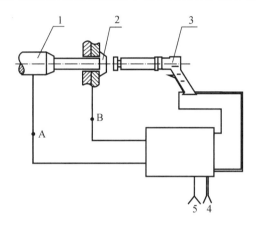

图 3 - 13　热铆加热方式
1—顶铁;　2—铆钉;　3—铆枪;　4—气源;　5—电源

3.2.3　抽芯铆钉铆接

　　抽芯铆钉也称盲铆钉、单面铆钉,是一种适用于单面铆接的铆钉,钛铌抽芯铆钉如图 3 - 14 所示。抽芯铆钉可靠性高、连接强度大、寿命长、操作使用方便,可用于铝合金、结构钢和复合材料的连接,常在飞机不开敞部位及维修铆接中使用,如无人机结构内部、机翼、尾翼前缘蒙皮和进气道蒙皮等处,垂尾安定面抽芯铆钉连接如图 3 - 15 所示。

图 3 - 14　钛铌抽芯铆钉

图 3 - 15　垂尾安定面抽芯铆钉铆接

　　抽芯铆钉也适用于不必要单面安装的部位。在许多非结构零件中,如机身内部装置、安装板等,使用抽芯铆钉具有效率高、成本低及减轻结构质量等优点。

抽钉铆接可以使用专用的气动工具(抽钉枪)进行单面施铆。铆接时噪声小,可一人操作,施工简单,铆接质量好。单面铆钉分铆接型和螺接型两种。

以拉通式抽钉为例,其铆接过程如图 3-16 所示,包括以下几步:

(1)制孔。可按划线、相邻零件或钻模制孔,如垂尾安定面抽芯铆钉铆接孔按钻模板制孔,如图 3-17 所示。

(2)将抽钉放在钉孔内,此时铆接夹层有间隙。

(3)用拉枪将芯杆拉入钉套,夹紧夹层以消除间隙。

(4)拉动拉枪,钉套膨胀,芯杆开始填充钉套。

(5)拉动拉枪、芯杆拉断,拉铆完成。

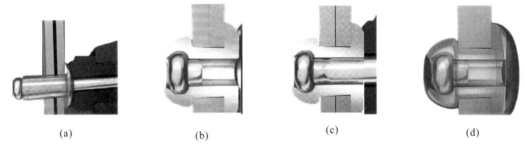

(a)　　　　　　　　(b)　　　　　　　　(c)　　　　　　　　(d)

图 3-16　拉通式抽钉铆接工艺过程

(a)放钉；　(b)拉入芯杆；　(c)继续抽；　(d)完成铆接

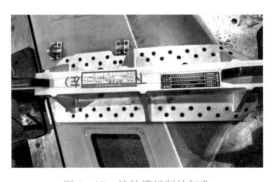

图 3-17　按钻模板制抽钉孔

采用抽芯铆钉铆接,可提高结构设计、简化工艺安装、降低装配噪声及生产成本等,但与国外产品相比,国内抽芯铆钉在种类、加工制造、理论及标准体系上存在差距,尤其是复材用抽芯铆钉,制约了飞机先进性及质量水平的提升。

3.3　螺 接 技 术

3.3.1　螺接

螺接即螺纹连接,以普通螺栓、螺钉连接技术为主,应用广泛。螺栓、螺钉连接具有承载能力高,受力性能好,安装劳动强度低,安装简便,拆卸灵活,安装速度快等优点。

螺接受环境影响较小,对零件连接表面的准备及处理要求不高,能够提供比较稳定的侧向约束,便于检查连接质量、保证连接的可靠性。

螺接主要应用于无人机主承力结构、复合材料层压板较厚及需要拆卸的部位的连接。无人机部件对接,如机翼与机身的连接,机翼各部件之间的对接,多采用高强度的螺栓。在一些需要经常或定期拆卸的结构上,如各种口盖、易损结构件(外翼或翼尖)等的连接,广泛采用托板螺母连接形式,能很好地解决工艺性、检查维修和更换的问题。飞机上的成品、设备、系统构件等也都离不开螺纹连接。因此,螺纹连接是无人机结构的主要连接形式之一。

螺栓的受力形式有拉、剪、拉剪 3 种。按照工艺特点一般可分为螺栓与螺母连接、螺栓与托板螺母连接、螺柱连接、在零件上攻丝的螺栓连接及自攻螺钉连接等。

在复合材料结构中,紧固件或被连接件的结构元件是铝合金(无涂层)、镀铝或镀镉的钢件时,直接与碳纤维复合材料接触时,会在金属中产生电偶腐蚀,因此需加绝缘层,如在复合材料零件表面铺一层玻璃布、涂隔离层等。

1.螺栓连接的工具

螺栓连接用到的工具有风钻、手电钻、普通钻头、锪钻(螺钉窝锪钻、端面锪钻)、扩孔钻、铰刀、丝锥、铰杠、螺丝刀、扳手、力矩扳手、高锁螺栓安装工具、钢丝螺套安装工具、直尺、卡尺、铅笔、钻床、台钻等。

2.螺栓连接的方法及步骤

(1)零件定位与夹紧。零件可按图样画线定位、按夹具定位件定位、按基准零件或已装零件定位。在铝合金零件上画线时应使用 2B、4B 铅笔。

零件夹紧的工具有弓形夹类、工艺螺栓、工装上的压紧件等,夹紧件应保证零件紧密贴合。夹紧的位置应靠近螺栓孔,夹紧力不应超过该处螺栓对零件所产生的压力,不应在零件上产生夹痕。

(2)孔位确定。按画线、零件导孔、工装上的钻模确定孔位。孔的间距、边距公差除图样有规定的除外,一般为 ± 1 mm。孔的最小边距除图样有规定的除外,为螺栓直径的 1.5～2倍,一般取 $1.5d$。

(3)制孔。螺栓光杆与孔的配合采用基孔制。公差带小于 H11 的孔径与螺栓直径相同;公差带为 H11、H12 的孔径比螺栓(钉)直径大 0.1～0.2 mm。孔应垂直于与螺栓头贴合的零件表面,偏斜不大于 0.5°。粗糙度见表 3-8。

表 3-8　粗糙度

材　料	粗糙度/μm		
	H7	H8、H9	H12
铝	≤1.6	≤1.6	≤6.3
钢	≤0.8	≤1.6	≤6.3
30CrMnSiNiA	≤0.8	≤1.6	≤1.6

制孔时按螺栓直径、精度和工件材料等要求选用加工方法。一般情况下:钻孔适用于H12 精度的孔;扩孔适用于 H11、H12 精度的孔或作为铰孔前的加工;手铰、机铰适用于

H9、H8、H7 精度的孔;风钻铰孔适用于 H9 精度的孔。

钻、扩孔时,应保持钻头的垂直度。钻孔时,应根据工件材料、孔径和钻孔工具的性能确定钻孔工具的工作转速。

钻孔的进给量取决于施加在钻孔工具上的压力,其应使钻头保持连续切削:压力过大,会使孔表面的质量超差,使钻头弯曲或损坏;压力过小,会使孔径超差,使钻头变钝。

铰孔时,应采用带导杆的铰刀,以保证孔的精度和铰刀的垂直度,使压力均匀,进刀或退刀时,铰刀始终正向旋转。铰孔的切削用量,视工件的材料、厚度、孔径、精度、加工方法及工人的技术水平而定。

精度为 H7 孔的切削用量可参照表 3-9 选取。

表 3-9 精度为 H7 孔的切削用量

螺栓直径/mm	钻孔/mm	扩孔/mm	铰 孔		
			第一次	第二次	精铰
3	2.0	2.7	2.9H9	2.95H7	3H7
4	3.0	3.7	3.9H9	3.95H7	4H7
5	4.0	4.7	4.9H9	4.95H7	5H7
6	5.0	5.7	5.9H9	5.95H7	6H7

(4)倒角或制窝。锪窝(沉头窝、端面窝)一般在孔的精加工后进行,以保证窝与孔的同轴度。表面上的沉头窝深度偏差为±0.1 mm,其余部位尺寸按图样而定,图样未注明按相关要求而定,公差按相关要求而定。锪端面窝时,一般情况下,锪平为止(见表 3-10)。锪窝时,使用带导杆的锪钻,可保证窝与孔的同轴度。

表 3-10 锪端面窝窝深列表

螺栓直径/mm	端面直径/mm		窝深
	普通扳手	套筒扳手	
4	11	14	
5	13	16	锪平为止
6	17	21	

安装凸头螺栓、螺钉的孔在靠紧固件头部的一侧倒角或倒圆。尺寸见表 3-11。倒角一般使用大于孔直径、顶角为二倍倒角角度的钻头锪制。倒圆用专用的倒圆锪钻锪制。

表 3-11 安装凸头螺栓螺钉孔倒角或倒圆尺寸

螺栓直径/mm	4、5、6
倒角/(°)	0.5±0.3
倒圆/mm	$0.5^{+0.4}_{0}$

(5)安装。核对连接件牌号、规格,安装前须除去连接件油污并清洗干净,检查外观有无机械损伤和锈蚀;按规定在标准件上涂润滑油,在镁合金零件上的孔表面涂 H06-2 环氧锌黄底漆。

安装螺栓时,螺栓应沿孔的轴线推入,螺栓的螺纹部分不得划伤孔壁。选择适当的扳手或螺刀,扳手的活动间隙不得大于 0.3 mm。上紧高精度的螺栓时,不应转动螺栓,只拧紧螺帽。成组螺栓应根据螺栓分布情况按一定顺序(对称或间隔)逐次拧紧螺母,以连接牢靠为准,不得强行拧紧。

3.在基体零件上攻丝的螺钉连接

钻孔时,普通螺纹底孔用的钻头直径见表 3-12。

表 3-12　普通螺纹底孔用的钻头直径

螺　纹	M2.5	M3	M3X0.35	M4	M4X0.5	M5	M5X0.5	M6	M6X0.75
钻头直径/mm	2.1	2.5	2.6	3.3	3.5	4.2	4.5	5.0	5.2

在攻丝前倒角,倒角为 $120°\pm2°$,倒角至螺纹外径。攻丝时使用适当的润滑液以减少摩擦,提高螺纹粗糙度,见表 3-13。用丝锥攻制螺纹,一般分两刀将螺纹攻至最后尺寸。当攻丝到手感用力明显增大时,应将丝锥旋出,排除切屑,再继续攻丝。完成后清除孔内切屑。

表 3-13　不同基体材料攻丝所用润滑液

基体材料	润滑液
铝合金、镁合金	煤油
钢	机油、乳化液、菜籽油

4.定力

按图样注明的定力扭矩值选择定力扳手进行拧紧,应使用标定的定力扳手。使用时,注意旋转方向,定力扳手轴线应垂直于螺栓的中心线,施力时应平稳,逐渐拧紧紧固件。

5.螺钉、托板螺母连接

应将被连接件夹紧在一起钻孔,然后分开,清理切屑、毛刺。用工艺螺钉将托板螺母定位于被连接件上,按托板螺母上的螺钉孔配钻孔,螺接或锪窝、铆接。

在特殊情况下,可采用先在一连接件上钻孔并螺接或铆接托板螺母,再将托板螺母上的孔引到另一连接件上(注意保护螺纹)的方法。

6.防松

在交变载荷、振动和冲击作用下,螺纹连接会松动,螺母扭矩下降,螺母脱落,导致事故,应采用合适的防松方法。

防松原理包括靠摩擦力、直接锁住和破坏螺纹运动副 3 种,具体防松方法如下。

(1)装开口销防止螺纹连接松动,如图 3-18 所示。

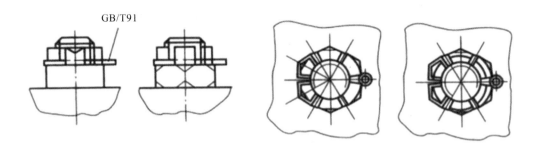

图 3－18　装开口销防松

（2）采用使金属变形的方法，防止螺纹连接松动，如冲点防松，冲点中心在螺栓螺纹小径处，深度为 1～1.5 螺距（P），如图 3－19 所示。

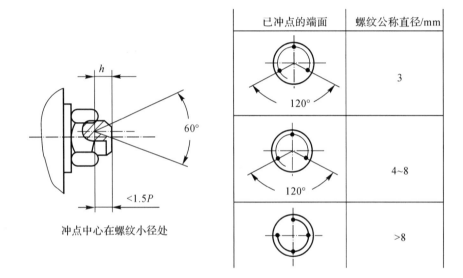

已冲点的端面	螺纹公称直径/mm
120°	3
120°	4～8
	>8

冲点中心在螺纹小径处

图 3－19　冲点防松

（3）使用各种自锁螺母或环槽铆钉实现自锁，如图 3－20 所示。

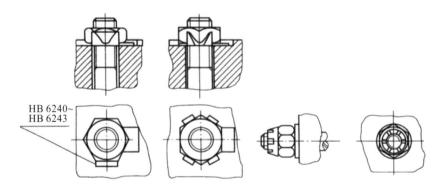

HB 6240～
HB 6243

图 3－20　自锁螺母防松

（4）在螺纹上涂胶实现自锁。

（5）加装各种弹簧垫圈实现螺纹自锁,如图 3-21 所示。

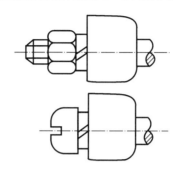

图 3-21　弹簧垫圈防松

（6）打保险丝防松,如图 3-22 所示。

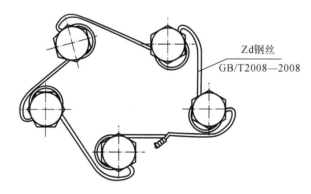

Zd钢丝
GB/T2008—2008

图 3-22　打保险丝防松

（7）用双螺母、止动垫圈防止螺纹连接松动等,如图 3-23 所示。

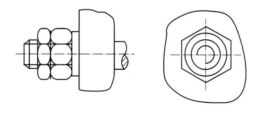

图 3-23　双螺母防松

7. 螺栓连接的检验

依据图样和工艺规程,用直尺、卡尺、螺纹规等,按工序检验孔位质量及螺接质量。

3.3.2　高锁螺栓连接

高锁螺栓具有安装快速、强度高、质量轻(与普通螺栓相比,可以减轻 39%)、安装方便、工具简单等特点,而且可以控制安装过程中的夹紧力,提高疲劳寿命。

图 3-24 所示为 3 种高锁螺栓。

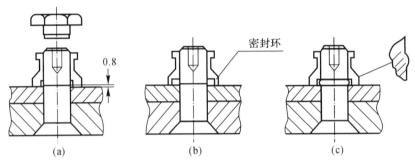

图 3-24 高锁螺栓

(a)普通高锁螺栓； (b)密封高锁螺栓； (c)带挤压头的高锁螺栓

高锁螺栓、螺母的安装程序为夹紧连接夹层、确定孔位、制孔、制窝、倒角、安装高锁螺栓、防腐蚀处理。

断帽式高锁螺栓拧紧高锁螺母的方法有手动拧紧和机动拧紧两种。

1.手动拧紧

手动拧紧，如图 3-25 所示。

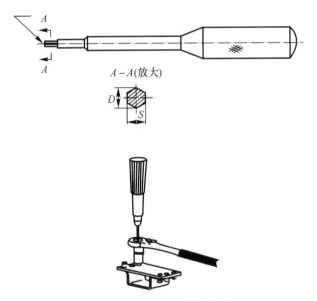

图 3-25 手动拧紧高锁螺栓

(1)将高锁螺栓沿孔的轴线方向推入，安装过盈配合的高锁螺栓时，可利用压力工具，如压力机、压力钳等，将高锁螺栓压入安装孔内。

(2)将限动扳手插入高锁螺栓尾端的六方孔内，保证安装过程中高锁螺栓静止不动。

(3)拧紧螺母直至工艺螺母脱落，完成安装。

2.机动拧紧。

机动拧紧，如图 3-26 所示。

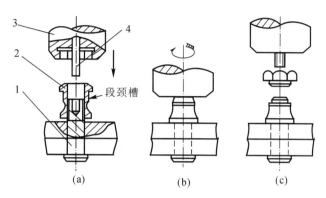

图 3 - 26　机动拧紧高锁螺母

(a)准备安装； (b)进行安装； (c)扭断上螺母,安装完

1—高锁螺栓； 2—高锁螺母； 3—内六方套筒； 4—六角棒

成组高锁螺栓一般采用从中心到两边对称的安装顺序。

安装扭式高锁螺栓时,因为扭式高锁螺栓在螺杆末端制有拉伸螺杆,采用过盈配合时,安装过程中不需要压紧设备,所以扭式高锁螺栓安装更加方便,如图 3 - 27 所示。其安装过程为:

(1)将高锁螺栓放入安装孔内,带上拉伸螺母。

(2)持续旋转拉伸螺母,将螺栓拉入安装孔内。

(3)利用颈缩口去除拉伸螺杆。

(4)在锁紧螺杆上拧紧紧固螺母,安装完成。

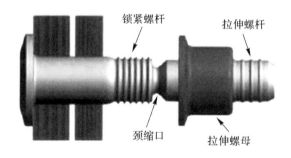

图 3 - 27　扭式高锁螺栓安装

采用高锁螺栓干涉配合时,螺栓直径大于连接孔直径 0～4％。由于采用干涉配合,孔内壁冷挤压强化和残余压应力使高锁螺栓连接孔周期载荷幅值提高,所以改善了结构受力状态,形成了"支撑效应"。这种塑性变形层可以推迟裂纹的产生和减小扩展速度,从而延长了连接结构的疲劳寿命。

对于复合材料结构高锁螺栓连接,碳纤维是脆性材料,孔壁的挤压受到限制,干涉量应处于其弹性范围之内,目前,复合材料螺栓孔强化可分为直接干涉配合和衬套干涉配合两种强化方式。前者应用较为普遍。

(1)直接干涉配合强化利用直径大于连接孔径的螺栓实施接头连接,利用干涉量增大有效接触面积进而提高接头静强度,利用有益残余应力改善接头疲劳性能。

（2）衬套干涉配合强化利用芯棒挤压复合材料孔中的金属衬套,衬套发生塑性变形并膨胀,与复合材料孔壁形成干涉配合,进而提高接头静强度和疲劳强度。

3.4 碳纤维复合材料制孔技术

3.4.1 概述

尽管无人机结构采用大面积复合材料整体结构,但由于使用及功能上的需要,在机结构上仍存在一定的机械连接,如螺接和铆接。

相对金属件的连接,复合材料的连接接头是结构的薄弱环节,据统计,航空航天飞行器有 $60\%\sim80\%$ 的破坏都发生在连接部位,在最后组装时,钻孔不合格率占全部复合材料零件报废率的 60% 以上。

碳纤维复合材料存在与其他材料完全不同的特性,在装配复合材料与复合材料零件以及复合材料与金属零件时,如何有效地制孔是一个比较复杂的问题。当进行复合材料机械连接时,不能完全照搬金属连接的方法,应考虑复合材料的特性及其与金属材料的差异,应严格按照相关手册和标准进行。

提高碳纤维复合材料的制孔质量及连接可靠性,对减轻结构质量,提高飞行器性能,促进复合材料在无人机领域的应用具有非常重要的意义。

3.4.2 碳纤维复合材料制孔常见缺陷

碳纤维复合材料属于脆性难切削加工材料,强度高、碳纤维硬度大、导热能力差,其导热系数仅为奥氏体不锈钢的 $1/5\sim1/10$。树脂基碳纤维复合材料的硬度（62HRC～65HRC）和高速钢钻头常温硬度（62HRC～65HRC）极为接近,采用碳素工具钢或高速工具钢钻削,刀具磨损快、刀具耐用度低。

无人机复合材料制件为碳纤维层压板结构,碳纤维层间剪切、压缩强度低,抗冲击能力差,钻孔时钻头轴向力过大时易造成构件层间分层、纤维剥离、层间微裂纹、缩孔、剥落、拉毛和热损伤等,碳纤维复合材料层压结构制孔时常见缺陷如图 3-28 所示。

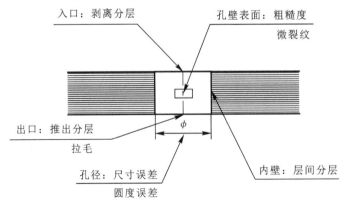

图 3-28 碳纤维复合材料制孔时常见缺陷

（1）分层：分层是层合材料的层间分离现象。从复合材料学角度讲，分层指层间应力或制造缺陷等引起的复合材料铺层之间的脱胶破坏现象。制孔时的分层是指钻孔过程中主要由轴向力作用引起的孔壁周围材料发生的层间分离现象。

（2）撕裂：撕裂发生在孔的出口侧的最表面一层，并沿孔出口侧最外层纤维方向扩展。它是复合材料孔加工质量最直观、明显的特征之一。撕裂尺寸与切削参数有关，采用普通高速钢麻花钻钻削时，进给量越大，撕裂越长。钻头转速越大，撕裂越短。

碳纤维复合材料力学性能呈各向异性，层间强度低，切削时在切削力作用下容易产生分层、撕裂等缺陷，钻孔时易造成孔壁的损伤以及钻头出口处出现复材撕裂，加工质量难以保证。钻孔时在复合材料层压板工件下面垫上铝板或胶木板等，可以减轻撕裂。

（3）表面粗糙度：碳纤维复合材料加工表面粗糙度与纤维方向及切削方向有关。在孔的圆周方向上，孔壁表面的粗糙度不同。

纤维复合材料孔的其他缺陷包括圆度误差、孔壁表面微裂纹、出口起毛等。

碳纤维复合材料的切削机理是，在碳纤维与切削方向成任何角度的情况下，纤维被切断都是刀具前进引起的垂直于纤维自身轴线的剪切应力超过纤维剪切强度极限造成的。

3.4.3　碳纤维复合材料制孔工艺

提高碳纤维复合材料孔加工质量，首先应控制切削用量。一种碳纤维布（CFRP）钻削过程控制系统原理，如图 3-29 所示。

实验研究表明，钻削碳纤维复合材料时，分层因子与平均轴向力之间存在线性或分段线性的定量关系。轴向力是随进给量的增大而增大的，钻削碳纤维复合材料时，可以通过改变进给量，把钻削推力保持在临界推力值以下，以控制分层因子，保证孔的加工质量。

选用合适钻型及合理的制孔工艺，图 3-30 所示为美国洛克希德公司的八面钻。

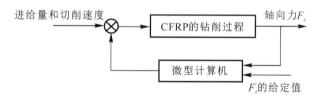

图 3-29　一种 CFRP 钻削过程控制系统原理

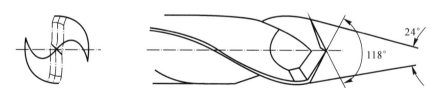

图 3-30　美国洛克希德公司的八面钻

综上所述，为提高先进复合材料机翼连接孔的加工质量，制孔时：首先，应控制切削用量；其次，对于由软的基体和高强度的碳纤维组成的碳纤维复合材料，不允许用通常的方法进行制孔和锪窝，需采用特殊的制孔方法；最后，采用相应的刀具和合理的制孔工艺，提高制孔质量。

机翼制孔时采用整体式硬质合金麻花钻钻孔,在孔的出口面加衬垫,保持低进给量(0.02~0.06 mm/r)和较大转速(1 400~2 400 r/min),无分层和劈裂现象,孔边光滑。进给量为 0.02~0.04 mm/r 时,孔的加工质量最好。

留铰孔余量(0.15~0.4 mm),采用与普通直槽刀相同的 YG330 硬质合金短铰刀以 500 r/min 转速铰至最后尺寸。

3.5 碳纤维复合材料结构铆接、螺接技术

复合材料的应用在很大程度受到连接技术的制约,基于复合材料与其他材料完全不同的特性,在装配复合材料零件与复合材料零件,以及复合材料与金属零件时,如何有效连接是比较复杂的问题。

复合材料机械连接的缺点是制孔时纤维被切断导致孔边应力分布较复杂,加之线弹性特征,使孔边应力集中的严重程度加重,多钉连接传力时各钉载荷分配不均匀,严重削弱了承载能力,易受腐蚀和磨蚀,抗疲劳性能差。采用钢和铝紧固件时,有电偶腐蚀问题等,需使用密封剂进行隔绝。

复合材料机械连接方式主要包括螺接和铆接。在进行复合材料结构装配时,如铆钉连接孔直径超过 4 mm 时多采用螺接。复合材料机械连接:便于质量检测,安全、可靠;能传递较大载荷,抗剥离性能好;受环境影响较小;没有胶接固化时产生的残余应力;允许拆卸再装配;加工简单,装配前元件表面无须进行专门的清洁处理。

在复合材料结构中,优先选用螺接,如采用铆接,铆接方式应避免采用锤铆,应采用压铆或电磁铆接,否则可能造成复合材料构件分层或背面开裂。由软的基体和高强度的碳纤维组成的碳纤维复合材料不允许用通常的方法进行制孔和锪窝,需采用特殊的制孔方法。

本节主要讲述碳纤维复合材料制孔、螺接、铆接的技术要求、操作方法和步骤。

3.5.1 工具、刀具、量具及设备

首先应熟悉图样及工艺指令,其次应进行工具、设备等的选择。复合材料连接的工具、刀具、量具及设备有高速风钻(速度为 6 000 r/min、进给量为 0.02~0.05 mm/r 时制孔质量较好)、可控进给钻、台钻、风动砂轮机、电动砂轮机、风动砂轮切割机、电动砂轮切割机、螺丝刀、定力扳手、扳手、弓形夹、铆枪、顶铁、压铆机。刀具有硬质合金麻花钻、硬质合金铰刀、硬质合金锪窝钻、金刚石砂轮、金刚石砂轮片。量具有直尺、卡尺、千分垫、铅笔等。

其中,硬质合金麻花钻头的推荐几何参数为:锋角——110°~120°;后脚——10°~25°;横刃宽——(0.1~0.3)d;螺旋角——25°~30°。

3.5.2 方法和步骤

1.零件的定位、夹紧、孔位确定

螺接的定位、夹紧、孔位确定参照螺接。铆接的定位、夹紧、孔位确定参照普通铆接。

2.制孔

无人机机体结构破坏的根源在于连接件孔处的疲劳裂纹迅速扩展。采用正确的工艺方法

是无人机结构连接寿命长的决定因素,连接孔精度、连接孔的表面粗糙度等都需要严格控制。

(1)孔的质量要求。孔径、埋头窝的尺寸及公差要求由设计图样和技术条件规定。钻孔和锪窝表面粗糙度不低于 $Ra6.3\ \mu m$,铰孔不低于 $Ra3.2\ \mu m$。孔应垂直于零件表面,偏斜不大于 $1.5°$。孔入口处不应有分层,应清除孔边缘的毛刺。埋头窝与孔的同轴度不大于 $0.08°$。

孔壁的损伤范围:深度≤0.25 mm、宽度≤0.2 mm,长度不超过孔圆周长的 25%,如图 3-31 所示。

孔出口处的劈裂损伤应在长度 3d(孔径)、宽度 1.8 mm 的范围内,如图 3-32 所示。

(2)碳纤维复合材料钻孔时应采用硬质合金刀具或金刚石刀具,钻 $\varphi3\sim12$ mm 的通孔时应使用硬质合金麻花钻,推荐转速为 800~2 800 r/min,进给量为 0.01~0.06 mm/r。

转速太快容易引起过烧、炭化,过慢又容易引起分层,可用测速仪检测转速。使用台钻或风钻钻碳纤维复合材料孔时,进给速度不宜太快,在孔快钻透时应减小进给速度,以免孔出口处分层。

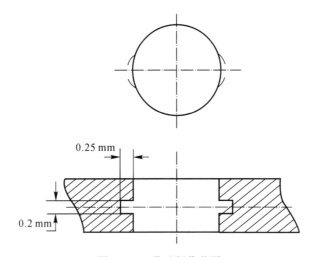

图 3-31　孔壁损伤范围

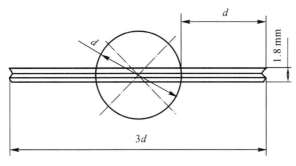

图 3-32　孔出口劈裂损伤范围

在碳纤维复合材料上钻孔时,一般应在出口面加垫板支撑并贴胶带纸,以消除间隙,在不易加垫板之处可用胶带纸或用 DG-3 黏结剂粘贴一层玻璃布。垫板材料可选用聚氯乙烯硬塑料板或硬铝板,与零件贴紧。

在碳纤维复合材料与铝或钛的构件上钻孔,从金属面钻入,推荐转速为 1 500～3 500 r/min,在出口面加垫板支撑或贴胶带纸,在不易加垫板之处可只贴胶带纸,以防止出口面劈裂。

从复合材料面钻入,可不加垫板支撑。用硬质合金刀具按钻铝或钛的转速钻削。钻铝时为 1 500～3 500 r/min,钻钛时为 500～1 800 r/min。为防止金属切屑划伤孔壁,应注意去除断屑。

(3)铰孔。钻孔时预留铰孔余量为 0.15～0.4 mm,用硬质合金铰刀铰至最后尺寸。铰孔时,保持铰刀的垂直度,压力均匀,进刀或退刀时,铰刀应始终正向旋转,推荐转速为 500 r/min。

(4)锪窝。加工碳纤维复合材料时应采用硬质合金刀具或金刚石刀具。硬质合金锪窝钻推荐转速为 500～800 r/min,金刚石锪窝钻推荐转速为 800～1 400 r/min。锪窝深度用锪窝限位器控制,试锪合格后方可使用。表面的沉头窝深度偏差为 -0.1 mm。为防止表面纤维劈裂,锪窝钻必须在旋转以后接触工件。

(5)去毛刺。孔和窝有明显毛刺时,用细号纱布和毛刷清除干净。

(6)切割。用铣床切割时,使用 60#～80# 粒度的金刚石砂轮片,切削速度不低于 560 m/min,进给速度不大于 300 mm/min。允许使用冷却液,切割后工件要擦干。

用电动或风动砂轮切割工具切割碳纤维复合材料构件,使用 60#～80# 粒度的金刚石砂轮片,转速应不大于 10 000 r/min。

(7)修边。用 80#～100# 粒度的金刚石磨轮,装在风钻上进行修边,转速不小于 3 000 r/min,修边后用细纱布打光。

3. 装配连接

按图样及工艺指令准备连接件,除去油污并清洗干净,检查外观有无机械损伤和锈蚀。

(1)螺栓连接。按技术要求,紧固件安装前孔内和紧固件应涂密封胶,螺母必须在密封胶的施工期内上紧。紧固件(如螺栓与螺母)间或紧固件与被连接板之间存在较大电位差时,也应采取同样措施。

螺栓应沿孔的轴线推入,螺栓螺纹部分不得划伤孔壁,也不允许位于孔的挤压部位。

选择配合适当的定力扳手或螺刀,扳手的活动间隙不得大于 0.3 mm,高精度的螺栓上紧时不应转动螺栓,只拧紧螺帽。

成组螺栓应根据螺栓分布情况,按一定顺序(对称或间隔)用定力扳手逐次拧紧螺母。

凸头螺栓钉头与零件表面的间隙不得超过 0.05 mm。

(2)铆接。为避免复合材料板受到冲击损伤、结构件分层和孔壁因钉杆胀粗而受损伤,应优先选用双金属铆钉、拉铆型环槽钉和抽芯铆钉。必须采用实心铆钉时,尽可能选用压铆工艺,无法使用压铆工艺而必须进行锤铆时,忌用大功率铆枪和冲击型铆枪锤击铆接,所有铆钉的铆成头,均应在金属件上。

按技术要求,铆接前孔内和铆钉应涂密封胶。其他要求参照普通铆接。

(3)检验。

1)按工序要求检验孔位,检验其钻、铰孔质量及螺接、铆接质量。

2)检验依据为图样、工艺指令等。

3)孔位用直尺、卡尺检查。

制孔质量一般通过目视检查,有公差和垂直度要求的孔用量具或塞规检查,对重要受力部位连接孔质量有疑问时应进行无损检测。螺接、铆接质量一般通过目视检查,钉头间隙采用千分垫检查。

3.6　密封剂配制、施工工艺

铝合金铆钉和钢铆钉在与碳纤维复合材料接触时会发生电偶腐蚀,使其应用受到限制,为防止电偶腐蚀,实际使用时需强调湿装配,连接面涂敷 XM33－4 密封剂。铆接时所有铆钉的铆成头,均应在金属件上,应采用压铆或电磁铆接。

由于钢紧固件与碳纤维复合材料接触会发生电偶腐蚀,故应选用与碳复合材料电位差小的材料制成的螺栓,使用钢螺栓时需湿装配,安装紧固件前,孔壁、钉杆、钉头及垫圈均应涂 XM－33 密封胶。

本节主要讨论 XM33－4 碳纤维复合材料制件螺接、铆接用密封剂的基本成分、施工、硫化和检验。

3.6.1　XM33－4 密封剂的基本成分(质量比)

密封剂须在有效期内使用,基膏 10(白色)、硫化剂 1(黑色)和密封剂的混炼应在清洁的环境中进行。混炼温度应为(23±5)℃;按需要在天平上称量符合比例的基膏和硫化剂,称量时检验人员应在现场;将称好的料(不超过 1 kg)放入搪瓷盘(或玻璃板),用刮刀调配,混合后应立即快速调配至无不同颜色的条纹出现为止。刮涂用的密封剂调制好后,不允许搅拌,以免混入空气。

3.6.2　XM33－4 密封剂的施工

应在清洁环境中进行密封。施工环境温度应为 15～30 ℃,现场应通风。密封表面应清洁干净,无灰尘、无油污。可使用汽油、丙酮、乙酸乙酯清洗剂及干净棉纱或白棉细布清洗干净。清洗宽度应大于涂敷密封剂的宽度。最后一遍清洗距涂敷密封剂的时间,应不大于 1 h,不小于 20 min。每次清洗的紧固件要在一天内使用。

XM33－4 密封剂的使用活性期为 4 h,即调好的密封剂应在 4 h 内用完,密封剂出现回缩后应停止使用。活性期是指密封剂能保持适用于涂敷稠度的时间。

XM33－4 密封剂可采用压注和刮涂的方法进行施工。压注是将配好的密封剂灌入塑料桶中,采用手动压注枪或气动压注枪立即进行压注施工。本方法多用于沟槽密封和填角。刮涂是密封剂混合均匀后,采用有机玻璃或木制、竹制等刮板,刮涂密封剂于施工表面。本方法多用于贴合面施工,连接无人机结构时多采用此法。

紧固件的湿安装密封:在紧固件杆部或孔内均匀涂密封胶,螺纹紧固件的螺纹部分涂密封胶后应立即安装。

3.6.3　密封剂的硫化

密封施工的组件、部件可自然硫化,为缩短周转期、加快进度,可采用不超过 50 ℃,停放时间为 48 h 的条件硫化。

3.6.4 检验

密封剂的使用属于特殊过程,应按要求进行检验,按要求填写质量控制记录表。

思 考 题

1.普通铆接的技术要求、操作方法和步骤各是什么?

2.螺栓、螺钉连接的技术要求、操作方法和步骤各是什么?

3.复合材料结构机械连接的特点是什么?

4.碳纤维复合材料制孔、螺接、铆接的技术要求、操作方法和步骤各是什么?

5.什么是分层?

6.什么是劈裂?

7.垫板的作用是什么?

8.碳纤维复合材料制件螺接、铆接用密封剂的配制、施工的方法和步骤各是什么?

第4章　无人机结构胶接技术

内容提示

　　胶接是复合材料无人机结构的主要连接方式,胶接以其优势在无人机结构装配中占有重要的地位,胶接属特殊过程,需要进行过程控制。本章在概述胶接的基础上,讲述胶接接头的形成和特性,重点讲述胶接工艺过程,最后对胶接质量检查的几种方法进行说明。

教学要求

　　(1)熟知胶接技术。
　　(2)熟知胶接接头的形成和特性。
　　(3)熟知胶黏剂。
　　(4)掌握胶接工艺过程。
　　(5)熟知胶接质量检测。

内容框架

　　本章的内容框架如下。

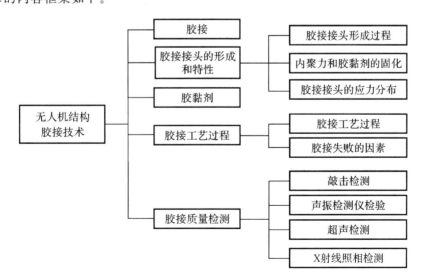

4.1 胶　　接

4.1.1 概述

通过利用直接涂在被连接件表面上的胶黏剂的黏结力,使固体材料表面连接的方法叫黏结或胶接。

胶接属特殊过程,是无人机结构中最常见、应用最多的一种连接方法,有时作为机械连接的补充。常用的胶黏剂有酚醛乙烯、聚氨酯、环氧树脂、丙烯酸等。

特殊过程是指不易或不能经济地对形成的产品是否合格进行验证的过程。在无人机制造中,常见的特殊过程有铸造、焊接、表面处理、热处理,以及复合材料成型、飞机装配胶接、飞机喷漆等过程。胶接是其中之一,在产品生产中要进行过程控制、过程检验。

实践证明,要获得优良的胶接接头,除了选择优良的胶黏剂和采用适当的胶接工艺外,胶接接头设计也是关键的一环,接头设计与胶黏剂选择和胶接工艺也是紧密关联的。

胶接接头设计中应遵循的原则:受力方向在胶接强度最大的方向上;具有最大的黏结面积,能提高接头的承载能力;尽可能避免应力集中,减小产生剥离、劈开和弯曲的可能性;胶层应薄而连续,尽可能均匀,避免欠胶。

胶接接头的基本形式有对接、搭接和正交,如图 4-1 所示。胶接接头设计时应尽可能使黏结层受剪切或者受压,避免受拉伸及剥离。

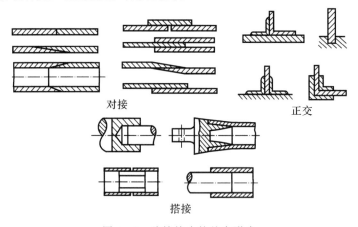

图 4-1　胶接接头的基本形式

4.1.2 胶接优点

胶接技术和工业上常用的焊接、铆接及螺接技术相比,具有众多优点:胶接结构件质量轻,可提高材料利用率及工作效率,降低劳动强度和制造成本;胶接可适用不同材料的连接,适用范围广,胶接缝连续,不削弱被连接件的承载能力,可提高结构抗疲劳性能和破损安全性能;胶接工艺简便,不需要复杂的工艺设备,胶接操作不必在高温高压下进行,气味淡,伸长率高,因而胶接件不易产生变形,受力时接头应力分布均匀;胶接能获得光滑表面,增强美感,气动性能好;胶接连接缝密封性好,适用于有密封要求的结构,如整体油箱等;胶层可以绝缘,对金属具有防腐保护作用,胶接结构无电偶腐蚀问题,没有磨蚀问题等。选用功能性胶黏剂,可赋予胶缝以各种特殊性能,以满足设计的特殊要求。胶接结构已广泛应用于各种类型的飞机。

胶接工艺过程为预装配、胶接表面处理、涂胶和晾置(或烘干)、装配、固化、清理和密封防护、检验等。胶接使用的工具有注胶枪、刮胶板、天平(电子秤)等。

4.1.3　胶接缺点

胶接质量易受多种因素的影响,如温度、湿度及载荷,性能分散性高,缺乏有效的质量检测方法,胶接结构无损检测方法尚不够令人满意。生产质量控制严格。不均匀扯离和剥离强度低,容易在接头边缘首先破坏,不能传递大载荷。受环境影响大,在光、热空气及其他因素的作用下,胶黏剂存在老化问题,影响使用寿命。不可拆卸。需要进行特殊的表面处理。因为胶黏剂主要由高分子材料构成,所以使用温度范围不大。所有这些缺点,都有待进一步改善和解决。

在长期的服役过程中,复合材料胶接结构暴露在复杂的恶劣环境中,在温度、湿度、辐射、化学以及生物侵蚀作用下会发生物理、化学变化,从而影响其力学性能,其中以温度、湿度及其耦合作用下的影响为主。除此之外,复合材料胶接接头在服役过程中还受到各种各样形式载荷的作用,载荷与温度、湿度耦合作用进一步加速了其老化过程。

研究结果表明,复合材料胶接接头中的胶黏剂、复合材料以及胶接界面在温度、湿度、载荷的作用下都会发生变化,对接头的性能都有影响。

复合材料胶接接头主要由复合材料、胶层和胶接界面组成,在温度、湿度、载荷的作用下,复合材料(包括纤维、基体、纤维/基体界面)、胶层和胶接界面(复合材料与胶层界面)都可能发生不同程度的老化,从而影响其失效过程。复合材料是各向异性分层材料,对载荷形式比较敏感,失效形式较为复杂,如基体开裂、纤维撕裂、分层失效等,进一步增加了复合材料胶接接头老化失效机理的复杂性。

不同老化环境温度条件下丁腈环氧树脂 AF126 的层间吸湿增重曲线如图 4-2 所示,随着温度的升高,吸湿增重曲越明显。

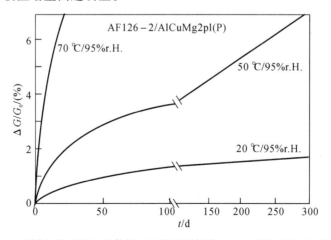

图 4-2　不同老化环境温度条件下丁腈环氧树脂 AF126 的层间吸湿增重曲线

注:试样尺寸为 100 mm×5 mm。

复合材料胶接接头湿热老化影响因素如图4-3所示,温度的升高促进了水分在聚合物体内的扩散运动,最终以湿热老化为主的方式使聚合物的性能改变。温度的升高大大加快了水分在连接层中的扩散,使连接层在较短的时间内达到了一个绝对水平较高的水分含量状态。聚合物连接层中一定量的水分浓度,是聚合物胶层层间剪切力学性能改变的首要因素,温度促进了水分的扩散运动。当连接层中的水分含量达到某一个饱和状态时,材料的层间剪切力学性能也就进入了其湿热老化性能的极限区域。

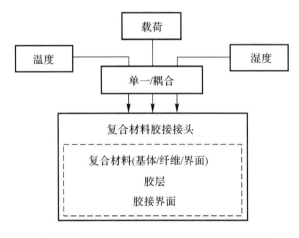

图4-3 复合材料胶接接头湿热老化影响因素

无人机机体广泛采用胶接及胶接与机械连接混合连接的结构,以机翼结构为例,玻璃钢蜂窝夹心结构壁板与梁、肋组成的骨架采用胶接连接,复合材料梁与钢/铝的接头采用螺接加胶接的混合连接等。副翼除接头处采用螺接和胶接的混合连接外,其余均采用胶接。胶接装配已成为无人机机体装配工作的主要部分。

4.2 胶接接头的形成和特性

4.2.1 胶接接头形成过程

胶接是通过胶黏剂的黏附力(机械结合力、物理吸附力和化学键合力)把被黏物连接在一起,形成胶接接头。胶接接头剖面如图4-4所示。

胶接接头在受到外力作用时,由于其黏附强度和内聚强度的不同,胶接接头破坏情况有:胶黏剂内聚破坏;部分胶黏剂内聚破坏,部分黏附破坏;黏附破坏;材料(被胶接件)断裂。但主要有两种方式:一种是胶层或被黏结件破坏,也称"内聚破坏",此时黏附力大于内聚力;另一种是胶层与被黏结件之间的界面破坏,也称"黏附破坏",此时黏附力小于内聚力。影响胶接接头强度的因素有内聚力、黏附力以及胶接接头的内应力分布等。要使胶接接头具有足够高的强度,必须保证胶接表面能被胶液充分浸润,浸润的充分程度与胶黏剂的组成及其性质、被黏结件的性质和表面状况及胶接工艺条件,如固化温度、压力、时间、胶层厚度等因素有关。

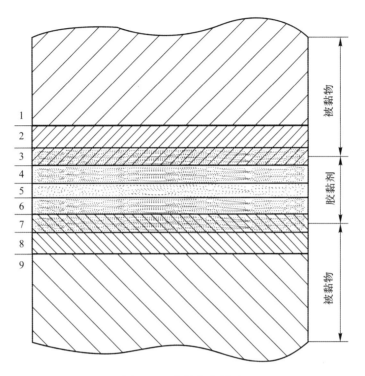

图 4 - 4   胶接接头剖面

1,9—被黏物；   2,8—被黏物表面层；   3,7—被黏物与胶黏剂的界面层；

4,6—受界面影响的胶黏剂层；   5—胶黏剂

4.2.2   内聚力和胶黏剂的固化

液体的胶黏剂在浸润被黏物表面之后，必须通过适当的方法使胶黏剂固化后变成固体，即本身产生足够强的内聚力，这样，胶接接头才能承受各种负荷。固化方法取决于胶黏剂的性质。胶黏剂分为以下两类：

$$胶黏剂\begin{cases} 热塑性高分子化合物 \\ 热固性高分子化合物 \end{cases}$$

4.2.3   胶接接头的应力分布

胶接接头的内应力是影响胶接强度和耐久性的重要因素之一，内应力主要来自胶黏剂固化收缩产生的收缩应力及不同材料热膨系数差异造成的热应力。热应力与温度变化范围、胶黏剂与被黏结材料热膨胀系数差值及材料弹性模量成正比。胶接强度还与胶层厚度、工件刚度和接头形式有关。

层压结构胶接接头的主要形式是面间的连接，面接接头有 4 种受力形式，分别是剪切、拉伸、不均匀扯离和剥离，如图 4 - 5 所示。

实际使用时，为减少剪切时偏心负荷引起的弯曲倾向，减少应力集中，提高接头承载能力，可采用双搭接、斜搭接、套接、嵌接等胶接接头形式。

不均匀扯离这种受力状态发生在机翼蒙皮与翼肋、纵向桁条及梁的胶接中,约为均匀扯离(拉伸)强度的1/10,增加蒙皮厚度、桁条及肋数量是改善应力状态、提高强度的有效途径。

剥离这种受力状态发生在薄蒙皮与刚度大的梁肋的胶接中,增加蒙皮厚度和胶层厚度、提高胶层韧性、减小剥离角度是提高接头抗剥离强度的有效选择。

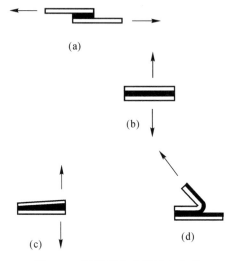

图 4-5　面接接头典型受力方式
(a)剪切;　(b)拉伸;　(c)不均匀扯离;　(d)剥离

综上所述,胶接结构中胶缝宜承受剪切和拉伸,避免不均匀扯离和剥离。无法避免时,可增大胶接面积和边缘零件刚度,也可以适量增加机械连接。

4.3　胶　黏　剂

凡能把同种或不同种的固态材料表面连接在一起的媒介物质统称胶黏剂,胶黏剂也称黏合剂。被黏合的固体材料称被黏物。

胶接是人类使用的古老而普通的连接方式。生活中使用的浆糊,木工所用的骨胶等已有几千年历史了。20世纪30年代以前,胶黏剂仅以动物胶和植物胶为主(罗素胶)。1930年开始出现了以合成树脂为基础的配合其他材料的新型胶黏剂。酚醛树脂是第一个用来代替罗素胶的合成胶黏剂。1940年环氧树脂在工业中获得了应用,1950年出现了以环氧树脂为基础的胶黏剂。

从应用的角度,可以将胶黏剂分为结构胶黏剂和非结构胶黏剂两大类。一般主承力部位的构件胶接所使用的胶黏剂叫作结构胶黏剂。次承力部位的构件胶接所用的胶黏剂叫作非结构胶黏剂。不承载而作其他用途的胶黏剂,如密封胶、导电胶等,都属于非结构胶黏剂。

无人机结构胶黏剂不但要求具有良好的综合性能,还要求具有良好的工艺性和经济性。

胶黏剂通常由几种甚至十几种材料组成,其中有作为基本胶接材料的黏料(基料),以及为满足特定的物理、化学反应和性能要求而加入的各种配合剂,如固化剂或硫化剂、催化剂、增韧剂或增塑剂、增黏剂(偶联剂)、防老剂、触料或触变剂、溶剂或稀释剂等。

胶黏剂品种繁多、性能各异。胶黏剂选择时要考虑胶接件材料的种类和性质(金属或非金属、刚性或柔性等)、接头使用环境(受力状况、温度、湿度、介质等)、允许的胶接工艺条件(固化温度、压力等),以及胶黏剂的价格等。

无人机上常用的热固性胶黏剂为环氧树脂胶黏剂,环氧树脂胶黏剂具有以下特点:黏结力大,黏结强度高;收缩率小,尺寸稳定;耐介质性好,电性能优良;易于改性,用途广泛;工艺性佳,使用方便;原料易得,配制简单;使用温度广,适应性强;毒性低,危害小;脆性较大,耐热性较差;等等。

环氧树脂胶黏剂是由环氧树脂、固化剂、增韧剂、填料等组成的,还可包括稀释剂、促进剂、偶联剂等。环氧树脂包括 E 型环氧树脂、双酚 A 型环氧树脂、通用环氧树脂、E51(618)、E44(6101)。环氧树脂的性能指标包括外观、黏度、环氧值、软化点、挥发成分、氯含量、热变形等。

固化剂是环氧树脂胶黏剂中不可缺少的重要组分。固化剂的用量很重要:用量过少,固化不完全,胶黏剂的性能不佳;用量过多,胶层脆性增大,残留固化剂会损害胶黏剂的各种性能。因此,固化剂的加量要适当,一般可先进行计算,再通过实验最后确定。

低分子聚酰胺,严格讲应该是氨基聚酰胺。低分子聚酰胺既是固化剂又起增韧剂的作用,用量范围宽,适用期长,操作方便,挥发性小,毒性很低,可室温或高温固化环氧树脂,但室温固化黏结强度很低,仅为加热固化的 40% 左右。应当注意,低于 15 ℃ 时低分子聚酰胺很难固化环氧树脂。固化剂的加入量应考虑季节的变化,春冬为上限,夏秋为下限。

加入填料的目的是:改善环氧胶的物理和力学性能,如减小线膨胀系数和收缩率,降低防热温度,增大导热性、导电性、耐磨性、硬度、模量和黏结力;提高黏结强度、耐水性、耐热性及耐老化性;改善工艺性能,如流变性、触变性,有利于排除空气,防止气泡产生,也可延长使用期。并且加入大量廉价填料,还可降低成本。填料加量应适当,太少不起作用,过多会损害胶黏剂性能。

4.4　胶接工艺过程

4.4.1　概述

胶接工艺虽然比较简单,但是相当重要。有时不同的人,在同样的胶接工艺过程中,有的成功了,有的可能失败了,其根本原因就在于具体工艺上的差别。因此,在某种程度上可以说,胶接工艺的合理性,往往是胶接成功的关键。

4.4.2　胶接工艺过程

典型胶接工艺过程如图 4-6 所示。

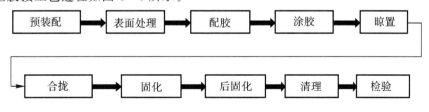

图 4-6　胶接典型工艺过程

1. 预装配

预装配的目的是检查零件间的协调关系和胶接面的贴合程度,允许进行必要的修配,为保证胶缝的强度,胶层应当薄而均匀,厚度一般应在 0.1 mm 以下,不能大于 0.25 mm。在预装配时,可放置代替胶层厚度的垫片。

2. 表面处理

零件表面清洁度和表面状态对胶接强度和耐久性有重要的影响。被黏零件表面不可避免地附着有脏物、油脂、锈蚀、氧化物、水分等异物,影响胶黏剂的浸润,降低黏结力。表面处理就是脱脂、去污、除锈、粗化(喷砂或机械加工,使胶接面具有一定的粗糙度)、干燥、活化被黏物表面,使胶接强度增大,以确保胶接质量。表面处理不可忽视,是胶接的关键环节。

表面处理的具体方法可分为一般方法、化学方法和物理方法。化学处理形成活性易胶接表面等。

3. 配胶

对于双组分或多组分的液态胶,使用前应按规定的比例,现用现配,根据使用期确定配胶量,用多少配多少,以免造成浪费。

临近使用期的胶黏剂最好不用,此时黏度太大,不易涂敷、浸润,会严重影响胶接性能。

按已知的配方自行配制的胶黏剂,要确保各组分用量计算正确、称量准确、搅拌混合均匀。配胶时不可粗心大意,马虎从事,否则成分不准,混合不匀,致使性能变坏,甚至造成胶接失败。

加入固体填料前须干燥除去水分。

配胶所用的器具必须清洁干燥,未用的各组分切忌掺混。

4. 涂胶

要得到最理想的胶接强度,必须使胶黏剂很好地浸润被黏物表面,否则任何空隙都会形成压力集中而降低胶接强度,这就要求正确涂胶。

对于液体或糊状、膏状胶黏剂,可刷胶、喷胶、注胶、浸胶、漏胶、刮胶、滚胶等,其中以刷胶使用最为普遍。涂胶时最好顺着一个方向,不要往复,速度要慢,以防带进气泡,尽量均匀一致,中间稍多点,边缘可少些,平均厚度要适宜。一般来说,在保证不缺胶的情况下,胶层尽可能薄些为好。

5. 晾置

无溶剂液态胶黏剂在涂胶之后,虽说可立即进行胶合,但最好于室温下稍加晾置,有利于排除空气,流匀胶层,初步反应,增大黏性。但特别要注意,切忌晾置过度,尤其是最后一次晾置,否则黏性大失,无法胶合。

6. 合拢

合拢又称装配、胶合等。合拢后如发现缺胶或有缝,应及时补胶填满,合拢之后压出微小胶圈为好。

7. 清理

胶接过程难免会有些残胶,不仅外观不好,而且会影响装配尺寸。为了保证外观和容易装配,并减少固化后清理的困难与麻烦,合拢后固化前应将残胶或多余胶除掉。热固性胶黏剂须在固化前以纱布蘸取适当的溶剂擦除。

8. 固化

固化即胶黏剂变为固体的过程。固化是获得胶接性能的最后一关,对胶接强度影响极大,只有完全固化,强度才会最大。

在固化过程中,温度、压力、时间是固化工艺的三个重要参数,每一个参数的变化都对胶接性能有直接影响。

不同的胶黏剂,固化条件不同,如有的可室温冷固化,有的要加温热固化。

温度是最重要的一个参数,每一种胶黏剂都有特定的固化温度,而且温度和时间又有依赖关系,固化温度高,需要时间短,反之亦然。但低于规定固化温度,时间再长,固化过程也无法完成;高于固化温度太多,虽然时间短,却因固化速度太快,胶层硬脆,性能变坏。

一般来说,室温固化的胶黏剂如条件允许可以加热固化,不仅能缩短时间,而且胶接强度高,尤其是耐高温和耐老化性能会更好。

固化时施加一定压力对几乎所有的胶黏剂都有益处。加压有利于胶黏剂的扩散渗透和与被黏物的紧密接触,有助于排除气体、水分等,防止产生空洞和气孔,有益于胶层的均匀和被黏物的位置固定。

加压大小须适当,并应均匀,压力小不起作用,压力大会挤出太多胶黏剂,造成缺胶,降低胶接强度。

完成固化都需要一定的时间,不过由于胶黏剂类型的不同,所需的固化时间差异很大,同时,升高温度和增大压力都会使固化时间缩短。为了固化完全,得到最大的胶接强度,必须保证有足够的固化时间。

每一种胶黏剂都有它的最佳固化条件,必须按其规定进行固化,方能获得预期的胶接效果。

9. 后固化

后固化又称热处理,是将固化后的胶接件,在一定的温度下保持一段时间,起到补充固化的作用,并可消除内应力,提高胶接强度。对性能要求较高,一定要进行后固化。

10. 检查

对固化后的胶接件应进行一次全面检查:首先,看胶黏剂是否完全固化,对热固性胶,可用丙酮滴在已固化的胶层表面,浸润 1~2 min,如无黏手现象,则证明已经完全固化;其次,观察轻敲能否脱开,观察有无裂缝、裂纹、气孔、缺胶等;最后,注意位置有无错动,还可进行压力密封性检查。

4.4.3　胶接失败的因素

影响胶接效果的因素很多,这些因素会极大地降低胶接强度,甚至导致胶接的失败。要想胶接牢固,合适地选用胶黏剂是基本因素,合理地设计接头是重要因素,严格把控胶接工艺是关键因素。而胶接的失败原因也主要来自这三方面。

(1)胶黏剂选用方面。

(2)接头设计方面。

(3)胶接工艺方面,如忽视表面处理,出现界面破坏:

1)油脂未除干净,表面有油污。

2)被黏物表面不干燥,残留水分。胶接件表面的水分将严重影响胶接质量,因此胶接过程中相对湿度不能大于 70%,温度宜在 15~30 ℃之间。

3)脱脂溶剂用量过大,表面冷却太快,空气中水分会凝聚在表面。

4)未经除油、清洁先打磨。

5)粗糙过度,形成点接触,含气体,难浸润。

6)喷砂用的压缩空气未经除油净化。

7)化学处理后的表面未很好地干燥。

8)用压缩空气吹干被黏物表面。

9)擦洗用具、纱布、脱脂棉不干净。

10)表面处理后停放时间太长。

11)胶层太厚。胶层厚度增大,使胶接强度显著下降。这是因为:①使胶层内气泡和缺陷增多,使早期破坏可能性增大;②使热应力增大,导致胶接强度下降。大多数合成胶以 0.05~0.10 mm 为宜。

12)含溶剂胶黏剂涂胶后凉置时间不够,合拢后包含溶剂。

13)凉置时间过长,黏性降低。

14)合拢后胶层内的空气未驱除干净。

15)涂胶时温度太低,不易浸润。

16)在胶黏剂半固化状态下位置错动。

17)涂胶黏剂后未稍微敞晾便合拢。

18)高温固化的胶黏剂固化升温过早,加热速度太快。

19)加压不够或不均匀。

20)加热固化后冷却太剧烈,内应力过大。在胶黏剂中加入增韧剂,借助其柔软性位移,可降低其内应力;加入无机填料,可使固化收缩率和线性膨胀系数减小。

21)未完全固化,固化温度低或固化时间不足。

22)重新胶接的部位未清理干净。

4.5　胶接质量检测

被胶接件表面处理不好会降低胶接的黏附质量,树脂固化不良会影响胶接的内聚质量,胶层中的气孔(孔隙率<2%,孔隙率每增加 1%,剪切强度下降 5%~10%)、疏松等都会影响胶接强度。

复合材料结构在制造过程中可能会出现气孔、疏松,在加工使用中可能会出现分层、冲击损伤、纤维断裂等损伤。

对于无人机结构的胶接质量,仅从胶缝外观不易判断,在目视判断的基础上,需进行无损检测。借助无损检测手段,主要检查脱黏、分层、夹杂、富酯与贫酯以及纤维弯曲或偏离等缺陷。因此,在不损伤复合材料结构的情况下对复合材料结构进行检测显得十分重要。

目前主流的无损检测方法主要有敲击检测、声振检测仪检测、超声检测和 X 射线照相检测等。

4.5.1　敲击检测

复合材料结构受到敲击振动后,有缺陷、无缺陷发出的声响不同,从而可以判断缺陷的性质、大小和位置。该方法操作简单,对检测人员经验要求较高,由于主要靠人耳分辨声响,因此分辨率较低,如图 4-7 所示。

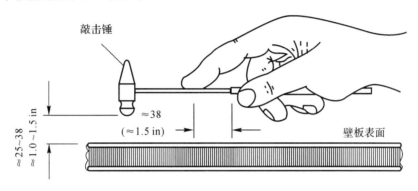

图 4-7　敲击检测

4.5.2　声振检测仪检测

声振检测仪检测检测的基本原理是利用质量不均匀物体的不同振动特性,采用换能器激发被测工件振动,换能器的输出信号随被测工件产生一致的变化。将测出的变化与标准试件相比较,即可获得被测结构的胶接质量。常见的声振检测仪有声阻仪、胶接强度检测仪及涡流声检测仪等,各有其特点和局限性。

4.5.3　超声检测

超声检测分为超声回波法和超声穿透法。超声回波法通过测量复合材料缺陷处反射波的能量来判断缺陷,脉冲超声波入射被测工件,有一部分在缺陷处被反射,这部分反射波被接收,通过反射波的位置和高度就能确定缺陷的位置和大小。对多层胶接的脱黏检验比较有效。当超声波穿过不同胶接质量的零件时其穿透率会不同,超声穿透法利用这一原理来检测胶接质量,该法适用于多层板胶接结构和金属蜂窝结构的检验。

实际检测中,采用对比试块来校准仪器,可以方便地检测出缺陷。该方法受耦合方式和检测设备的限制,在一些形状复杂的构件上难以实施,同时该方法采用逐点扫描,效率较低,如图 4-8 所示。

超声检测法可利用聚焦探头,水浸或喷水及自动扫描技术实现大面积胶接工件的自动化检验。

不过,目前复合材料探伤常用的超声波 A 扫描和 C 扫描检测设备(见图 4-8),有一定的局限性。无人机复合材料结构多采用薄板结构,超声检测时所引发的噪声和缺陷反射信号的信噪比较低,不易分辨,对检测人员自身的工作经验有较高的要求。一般需对复合材料层压结构标准件和夹层结构标准件中的人工缺陷进行检测,并对复合材料板件进行检测验证。

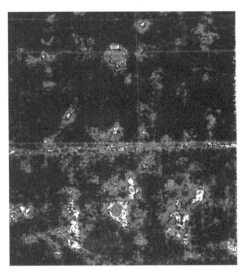

图 4 - 8　超声 C 扫描检测分层

4.5.4　X 射线照相检测

材料密度不同其吸收的 X 射线不同，从而引起透射射线强度的变化，X 射线检验利用胶片感光，来检测透射线强度，进而判断工件中是否存在缺陷以及缺陷的位置和大小。该方法可以用来检测蜂窝结构胶接质量，检验结构内部缺陷，如气孔、夹杂（水）、纤维取向、胶接质量等。

X 射线检验的优点：用底片作为记录介质，可以直接得到缺陷的直观图像，并可以长期保存；容易检出那些形成局部厚度差的缺陷，对气孔和夹渣之类的缺陷有很高的检出率。

X 射线检验的缺点：对裂纹类缺陷的检出率，受透照角度的影响，不能检出垂直方向上的薄层缺陷，例如板件的分层，如图 4 - 9 所示。

先进的大型 X 射线检验设备能连续照射，自动冲洗，具有干燥功能，底片可达 10 m。

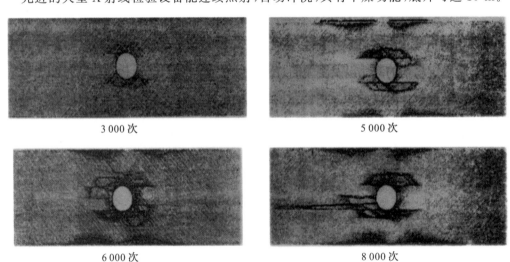

3 000 次　　　　　　　　　　　　　　5 000 次

6 000 次　　　　　　　　　　　　　　8 000 次

图 4 - 9　带孔疲劳试件的分层无损检测

思 考 题

1.与铆接结构相比较,胶接结构的优、缺点分别是什么?
2.简述胶接的步骤及要点。
3.影响胶接质量的因素是什么?
4.如何检查胶接质量?

第 5 章 　 无人机部件装配

无人机为了满足使用和功能要求,机体分为若干个部件,无人机部件装配是无人机装配的主要过程。本章先对部件装配技术要求和装配过程进行讲述。在理解装配图样的前提下,才能应用装配的基本理论和方法进行装配工艺设计。在复合材料结构部件装配过程中,进行装配胶接间隙的测量及补偿对保证装配质量至关重要。本章以某型无人机机身、机翼、舵面、尾樽及尾翼为例,分别讲述各部件装配工艺设计,分别从结构、装配方案、装配型架设计与安装、容差分配与工艺补偿技术、互换协调技术、装配顺序、装配工艺规程设计及部件检测方面进行详细讲述。

(1)掌握无人机部件装配技术。

(2)掌握无人机部件装配工艺设计。

(3)掌握部件胶接装配间隙的测量及补偿方法。

(4)掌握机身装配工艺设计。

(5)掌握机翼装配工艺设计。

(6)掌握舵面装配工艺设计。

(7)掌握垂尾装配工艺设计。

(8)掌握平尾装配工艺设计。

本章的内容框架如下。

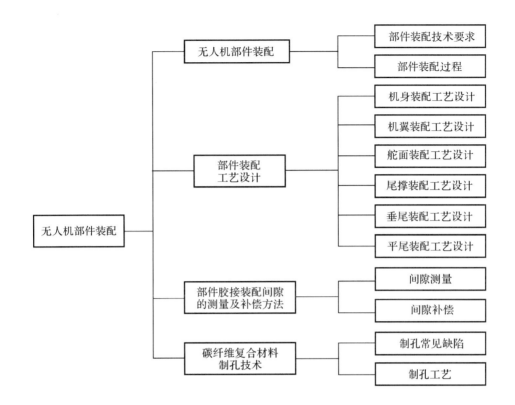

5.1　无人机部件装配技术

无人机各部件如机身、机翼、尾翼、舵面及尾撑等,结构复杂,装配内容多,工作量大,装配完毕后结构比较封闭,劳动条件差,工具可达性差,因此燃油系统中个别油箱、管路,整机电缆中部分线缆等,需要在结构完成之前安装。

无人机部件一般按以下装配顺序:组合件装配、板件装配;骨架装配;骨架与下或上板件组件装配;线缆及管路预埋等;部件总装配及内部设备、系统的安装与试验。

5.1.1　部件装配技术要求

首先,要保证部件设计分离面的协调和互换,确保设计分离面处各部件外形准确度;其次,成批生产时,部件内各系统,如设备安装座或支架、舵机及操纵系统、线缆及管路等的安装工作,力求在部件装配时完成;最后,按技术条件的规定进行各种试验及检验。

5.1.2　部件装配过程

部件在装配阶段的装配工作一般可以分为以下三个部分。

1. 型架内装配

部件型架内装配,是部件装配的重要阶段,通过型架内装配,就确定了部件上各接头以及外形的准确度。为了保证部件的气动外形准确度以及对接的互换协调性,部件装配中要使用大尺寸的、构造复杂的装配型架。

组合件和板件的大部分零件能够互换,一般不留加工余量或留较小加工余量。组合件和板件进行部件装配时,首先必须考虑用装配夹具上该组合件和板件所带的零件接头定位器来定位。一般情况下,所有重要的接头都要用定位器来定位以保证部件装配完毕后,各接头位置的准确度。板件按模具上的基准面、基准线、卡板或压框定位,为保证部件的外形准确度,部件在型架上进行装配时,可以用外卡板或带外形的压框。采用外形卡板或带外形的压框能保证部件气动外形具有较高的准确度,但如果部件尺寸较大,那么卡板或压框的尺寸相应增大,使型架构造复杂,一般多采用卡板式装配型架,以减轻结构质量。无人机装配多采用以蒙皮外形为基准的装配方法,广泛采用带外形的卡板、整体压框或分段式压框,尺寸小的部件的装配型架多采用整体压框,以保证胶接质量。

2. 型架外装配及安装

按工艺指令要求,部件在型架内装配到一定程度且保证部件已具有足够刚度的前提下,即可将部件取出型架。

架外工作内容为:一些在型架内工作不开敞或难以完成的工作;不影响部件几何外形和尺寸的零件或组合件的安装及连接,如无人机设备支架的安装、线缆的敷设及固定等。

3. 接头精加工,检验及移交

在批生产中,为保证部件的互换性,有些部件在装配以后要对对接接头进行精加工,如机翼各段之间的对接接头,也可在装配型架内按专用钻模进行扩孔、铰孔,无人机中翼、中外翼部件对接接头的扩铰孔一般采用后一种方法。

精加工完成后,一般需要进行最后的检验,其内容包括部件对接接头或对接面的准确度检验、外形准确度检验、部件水平测量、部分分系统的试验、称重、外观检查、部件完整性检查等。

5.2 无人机部件装配工艺设计方法

5.2.1 无人机部件装配工艺

无人机部件装配工艺是无人机制造过程的重要组成部分,是实现无人机整机结构和产品性能的关键制造技术,贯穿于无人机设计、试制和批生产的全过程,部件装配工艺设计主要取决于无人机的结构和材料特点,同时也与生产批量、制造单位生产的技术水平和现有加工工艺方法有关。由于各种系统在结构上、技术要求上差别很大,因此,在生产过程中,采用的工艺方法涉及专业面广、交叉性强,对工艺技术人员的综合能力要求较高。

无人机装配工艺规程是指导技术工人对一个指定的装配(或安装、加工、试验)过程进行实际操作的生产性工艺文件,同时也是检验人员进行工序检验及验收产品的依据。

部件装配工艺设计为部件装配提供工艺技术上的准备,其在无人机研制各阶段的工作重点有所差异,装配工艺设计内容主要包括:工艺规程设计依据的文件,如产品图样、技术条件、生产说明书、典型工艺规程、操作程序等;装配单元划分、装配基准和装配定位夹紧的方法,保证装配准确度、互换性和装配协调的工艺方法;装配元件的技术状态;装配连接顺序;

使用的工艺装备、工具夹具刀具量具、设备、仪器及其使用方法;加工试验方法、工艺参数;工序检验方法;使用的零组件、成件、标准件、材料;进行生产现场的工艺布置;等等。

不同的零件,如木质件、铸件、机加件、钣金件、复合材料件等,需采用不同的加工方法,具有不同的制造特点。木质件、铝制件、钢制件、复合材料件等,材料构成不同,便具有不同的加工性能。材料刚度、装配要求等信息,都来自零件图样和装配图样,这些信息是进行装配工艺设计的前提和基础,需要有针对性地分析,综合考虑。不同的装配结构,会使用到不同的产品图样、技术条件、生产说明书、典型工艺规程、操作程序等。

5.2.2　无人机部件装配工艺流程

无人机装配工艺规程是体现装配技术人员装配意图,有效保证无人机装配生产组织顺畅的重要手段。无人机装配工艺规程有固定的格式,包含了全部装配工艺规程的编制内容。

任何一个装配结构都有一定的装配过程,即所谓的工艺流程。装配结构不同,工艺流程可能有所差异,但都遵循以下基本原则。

1. 装配图样的工艺性分析

根据参与装配的各零、组/部件之间的结构特点、装配协调关系、图样的技术要求,并结合技术水平、生产条件及生产批量等制定合理的工艺路线。

2. 确定装配基准

正确的装配基准是保证装配准确度的前提,为保证无人机外形的准确度而采用的零件外形定位基准,如机身、翼面类均采用以壁板外形为基准的装配方法。装配基准是为满足无人机气动外形准确度要求,在无人机结构设计时确定的,可通过采用合理的工艺方法和工艺装备来保证装配基准的实现。

3. 装配定位方法

装配定位方法是指确定部件中的各组成零/组件相互位置的方法。在保证产品图样和技术要求的前提下,通过选择合理的定位方式,可以提高定位可靠性、保证装配准确度、降低装配难度、减少装配工作量、提高装配质量、缩短研制周期等。

4. 夹紧

通过采用正确的装夹方式,可以有效保证装配件之间的定位可靠性、位置准确度及装配质量。

5. 装配连接

装配连接是根据图样要求将参与装配的各零、组件连接成最终产品。在此过程中可按需要采用修配、选配、补偿等工艺方法保证装配协调,采用螺接、铆接、胶接等连接方式将装配的各零、组件连接到一起。螺接、铆接需要按要求进行定位、夹紧、制孔及安装等,胶接需要进行预装配、表面处理、配胶、涂胶、固化、清理等工作。

6. 工艺补偿

无人机部件的装配过程为:

(1)将板件安放在装配型架的底座或卡板上。

(2)将骨架零件,如梁、肋或框等装在板件上的梁、肋或框槽里,接头按工装上接头定位器进行定位、夹紧。

(3)连接接头与梁、肋或框等。

(4)安放另一侧板件。

(5)压上压框,用塞尺测量板件外形面与压框的间隙。

(6)在骨架与两侧/上、下板件框槽处进行间隙分配,计算需要加贴的玻璃布层数。

(7)贴布,胶接两侧/上、下板件与骨架。

由于无人机的机身框、机翼梁及肋等骨架零件为整体式结构,而非补偿结构,机身框、机翼梁及肋等与板件之间没有补偿件,与传统的飞机制造理论中两种装配基准的结构特点不同,因此这种看似以蒙皮为基准的装配方法,其误差积累是由外向内的,最后积累的误差体现在外形上。部件外形误差由以下几项误差积累而成:

(1)装配型架底座或卡板外形制造误差。

(2)板件与卡板之间的贴合间隙。

(3)骨架零件外形误差。

(4)骨架装配误差。

(5)板件的厚度误差。

(6)板件与骨架贴合间隙。

(7)装配后产生的变形。

无人机接头采用数控加工,梁、肋采用以外形为基准的复合材料成形方法,或肋采用以内形为基准的手打模成形方法,制造精度基本满足要求,部件外形的准确度主要取决于复合材料板件的厚度误差。因此准确测量装配间隙进行工艺补偿是获得较高的部件外形准确度的关键。

7.检查

装配完成后对重要的装配环节进行检查,可以有效减少装配错误,提高装配质量。

对无人机装配件来说,一般采用以下的工艺及工作流程:

图样工艺性分析→确定零/组件交接状态及容差分配→确定零、组件装配顺序→确定基准→确定工装设计要求及互换协调方法→定位→夹紧→制孔→装配连接→间隙测量→工艺补偿及胶接→检查等。

装配工艺规程在主要体现装配工艺流程的同时,还包含生产过程中的一些其他内容,如编制依据(设计图样、技术文件)、编号、版次、任务编号、任务数量、工时定额、生产车间、移交路线、起始日期、人员信息、相关工艺装备、设备、工具、夹具、刀具、量具等。

5.2.3 装配图功能

图样是产品制造的重要依据之一。装配方法和装配工艺过程都围绕着如何实现图样的要求而进行。无人机装配图样用于表达无人机零、组件等的装配关系,是无人机制造的重要依据。无人机装配图样反映的信息如下。

1.图形

图形能反映出组成该装配件各零件之间的相互位置关系、装配连接关系及该装配件在无人机上的位置、与周围其他装配件或零件之间的配合关系及功能、原理等。

2.尺寸标注

装配图样上所标注的尺寸主要反映装配件的外形尺寸、安装位置尺寸及其相互之间的配合关系,以及功能性能的运动尺寸等。

3.技术要求

技术要求是装配件及其零件在制造过程中应遵循的一系列规定性要求,装配之后应进行的试验、调整内容、应遵循的技术条件及要求,装配件完成之后应达到的质量标准及技术标准等。

4.零件图号和明细表

在零件的可见轮廓上用引线引出零件件号,相应地,在明细表中列出该零件的图号、名称、数量、材料及质量等信息。

5.标题栏

标题栏用来说明本装配件的名称、图号、版次、单机数量、质量、图形比例,以及设计、校对、审核、批准人员的信息等。

6.临时更改单

如果发现图样存在错误需要进行更正,或由于其他原因需要对设计进行更改时,可采取图样换版或签发临时更改单对图样进行更改。

在无人机装配图样中,多个零件装配在一起,连接成一个装配件。因此,在看装配图时就要设法将它们相互分开,弄清楚每一个零件的大小、形状、材料及结构特点,进而从装配图上获取其装配位置和相互连接关系。

5.2.4　读装配图的方法和步骤

1.了解概况

收到装配图后:先看标题栏,了解装配件的名称、数量、图号,装配在哪个部件上等;然后看明细表,了解该装配件由哪些零件、组件、成品及标准件组成,并大致了解零组件形状、构造等,尽可能对这些零组件在图面上的装配位置,相对于各基准的尺寸距离,各零件、组件间的连接情况和装配关系进行初步了解。

2.分析主要视图,看构件总体布局

根据所给的设计基准,初步理解其位于无人机的部位,以及这一部位上结构应有的特征。在此基础上,在视图中找出主要构件及这些构件的分布情况。

3.分析零件

根据零件的件号,弄清楚每一个零件的名称、尺寸、形状、材料及数量等情况,并对照主要视图来看该零件有什么结构特点,这些特点与其装配有什么关系等。

4.分析视图

看装配连接关系,结合零件分析的内容,对各个视图进行分析,弄清楚构件之间是如何连接的。在熟悉主要构件的连接形式之后,一般零件的连接形式就清晰了。一般来说,这些零件大多依附于主要构件而存在,一些是小连接件,如连接角片、连接片等,一些是起补偿作用的连接件,一些是起调整补偿作用的垫片、垫板等。

5.分析尺寸与技术条件

分析尺寸时主要应注意各种尺寸的公差要求,根据公差要求来分析工艺方法选择的合理性,以及如何满足公差要求。一般来说:要求高的尺寸,必须采用精度高的工艺装备来保证;要求低的尺寸,可采用比较简单的方法。分析之后,可得出哪些尺寸及要求必须采用工艺装备来保证安装准确度,以及工艺装备应采用何种形式,各零件需要如何装夹、定位,如何保证互换、协调等。

6.熟悉相关图样,看横向配合关系

对装配结构有了比较全面的了解之后,还应参阅相关的图样,特别是在标题栏提到的父装配件的装配图样,这样才能清楚该装配件的安装位置,以及与其他零组件的配合关系,这对看懂装配图至关重要。

7.确定装配方法

在对装配件的零组件组成,零组件的分布及与周围构件或零件的相互配合、连接关系,各构件之间相互位置的准确性,装配时应遵循的技术要求等全面、准确了解的基础上,应用已有的无人机装配工艺方面的知识,就可以设计出合理的装配方案和装配顺序,从而装配出符合图样及技术要求规定的部件。

5.2.5 装配基准

基准是确定结构件之间相对位置的一些点、线、面。产品设计时需要建立的一些基准,称为设计基准,如无人机水平基准线、对称轴线、翼弦平面、弦线、梁轴线、框轴线、肋轴线等,统称为设计基准。设计基准一般都是不存在于结构表面上的点、线、面,在生产中往往无法直接利用。在装配过程中要建立的装配工艺基准,是存在于结构表面上的点、线、面,可以用来确定结构件的装配位置。

定位基准用于确定结构件在设备或工艺装备上的相对位置,装配基准用于确定结构件之间的相对位置,测量基准用于测量结构件装配位置尺寸的起始位置。装配过程中,要将这三类基准有机统一,才能确保最终装配的准确度。

装配基准、定位基准、测量基准一般直接使用参与装配零件的加工基准,这样才能保证简单、方便,既有利于工人进行装配操作,又有利于装配后的测量和检验。

装配基准的选择详见 1.4 节。

5.2.6 定位方法

装配零件一般采用基准零件定位、划线定位、装配孔定位、装配夹具定位、二次定位法,详见 1.5 节。

装配夹具定位法是在了解装配图样,确定装配基准、定位方法、装配路线和装配工艺装备的使用等情况后采用的。例如:在装配结构中,哪些尺寸是需要首先保证的,用何种方法来保证;每个零件分别用什么方法定位,是否需要借助于工艺装备,工艺装备采用何种形式等。合理的定位方法也是保证产品互换与协调的重要手段。

定位方法中最需要强调的是工艺装备定位方法。采用工艺装备定位之前需要进行工艺装备设计,确定工艺装备设计和制造方案,即选择合适的结构形式的工艺装备,确保既方便操作、定位精度高,又结构简单、经济性好。不同的装配结构具有不同的工艺装备要求,针对性很强,装配工艺人员应首先提出自己的装配意图和定位要求,即工装设计要求,并和工艺装备设计人员一起讨论工艺装备设计方案,这样才能最终得到好用的工艺装备。因此,装配工艺人员还应具有工艺装备方面的相关知识。

5.2.7　夹紧方法

依据产品图样安装定位零件,在装配连接前,零件需要夹紧。常用夹紧方法有弓形夹、手虎钳、定位销、工艺螺栓、工艺铆钉、夹具压紧件、拉紧带、橡皮绳等。

定位销、工艺螺钉、工艺铆钉的位置必须在铆钉或螺钉位置处,其直径一般比最终孔的直径小。定位后不需要分解的部位,可用产品图样上规定的铆钉直接进行定位铆接。

(1)定位销间距在曲面上不大于 150 mm,在平面上不大于 250 mm。

(2)夹紧有沉头窝的零件时,应使用与铆钉沉头角度相同的沉头工艺螺钉。

(3)使用工艺螺钉及金属夹紧件时,应注意保护零件表面,一般放入非金属的垫圈或垫片。

5.2.8　保证装配准确度、互换性和装配协调的工艺方法的制定

为保证无人机部件的制造准确度和互换协调要求,需制定合理的工艺方法和协调路线,其内容包括制定装配协调方案,确定装配协调路线,选择标准工艺装备,确定工艺装备之间的协调关系,容差分配及各种补偿的合理利用,等等。

5.2.9　交接状态

交接状态是装配件中各零、组件的供应技术状态,是在满足图样规定的基础上提出的制造要求,即零组件及部件的供应状态要求。

交接状态是零件、组件装配之前,为满足装配定位、工艺补偿、确定孔位等需求,对零件提出的技术状态要求,是工艺装备设计要求、工艺规程设计、产品验收的依据。

5.2.10　确定工序组成及装配顺序

部件装配中的工序包括装配前的准备工作(如零件、标准件领用,工艺装备领用等),零件和组件的安放、定位、夹紧及连接等,系统及成品安装,接头精加工,各种调整、试验、外形检查、称重和移交工作,检验等。装配顺序为装配件中各组成零件的先后安装顺序。

5.2.11　装配连接

无人机零部件定位后,需要按照图样要求的连接方式将它们连接到一起,无人机上最常用的连接技术主要有机械连接技术、胶接技术和焊接技术等。装配连接的质量直接影响无人机结构的疲劳性和可靠性,因此装配连接过程是无人机制造过程中非常重要的制造环节。

1. 机械连接

机械连接主要包括铆接和螺栓连接,其中,钻孔应注意的事项有:

(1)钻头应尽量采用专用设备集中刃磨。

(2)一般应从厚度大、强度高的零件一面钻孔。

(3)按导孔或划线钻孔时,应先钻小孔,然后从蒙皮一面将孔扩至终孔。

(4)铆钉直径大于 4 mm 时,应先钻小孔,然后扩孔。

(5)用风钻在厚度 3 mm 以上零件上钻孔时,应使用垂直钻套或钻模。

(6)各零件上的同一连接孔,应一起钻至终孔。

(7)应合理控制切削用量。

(8)钻孔时应从厚到薄,从硬到软。

(9)对于硬度较高的零件,应增大进给力,降低转速。

(10)钻孔时应随时观察,发现问题及时停止。

2.胶接

胶接是通过胶黏剂将零件连接成装配件的一种方法,详见第 5 章所述。

无人机制造过程中还常常采用胶接进行复合材料成型。胶接成型工艺主要包括干法热压罐成型和湿法烘箱成型两种。

3.焊接

焊接具有不增加结构质量,焊缝连续、受力均匀,连接强度高的优点,但是焊接的热影响区内材料塑性明显降低,而且一般只能在同种材料之间进行焊接。因此,除了在有限的范围内采用焊接外,无人机上的焊接应用得相对较少。

5.2.12 检查

为了保证装配质量,在装配前,工人和检验人员应对结构件的外观质量、胶接状态、主要尺寸、规格、数量、左右件、质量文件、标志等进行检查。

装配过程中还应对零件、组件的位置准确度及配合准确度进行检查。位置准确度的检查是一个综合性检查,不仅要检查零件、组合件定位基准位置的准确性、可靠性,还要对已完成定位的零件、组件上未作为定位基准的要素,如轴线、基准线、气动外形及连接面贴合间隙等进行检查,以确保零件装配位置的准确性和零件与零件之间、零件与装配工装之间的协调性。

一般的位置准确度检查项有:

(1)叉耳接头位置(接合孔及耳片工作面位置)准确度。

(2)接头相对位置准确度。

(3)接头和外形的位置准确度。

(4)零、组件轴线位置准确度等。

配合准确度的检验一般采用显示剂进行着色接触检查。

无人机部件装配完成后,应进行气动外缘偏差检查,也称无人机表面质量检查。无人机部件对接后,需要检查其相对位置的正确性,判断是否符合产品图样和技术条件的要求。

气动外缘偏差分为两类——部件切面型值偏差和纵向、横向波纹度偏差,称为部件外形偏差。蒙皮对缝间隙和阶差的偏差,以及铆钉、螺钉等相对蒙皮表面凸凹量的偏差,称为表面平滑度偏差。

部件相对位置准确度检查的项目和内容大致分为两部分:一是机翼、尾翼相对机身的位置,准确度参数是上(下)反角、安装角、后掠角及对称度,通常采用水平测量的方法检查;二是活动面相对定翼面的位置,活动面包括升降舵、方向舵、副翼等,准确度参数是外形阶差、剪刀差及间隙(前缘缝隙间隙和对合间隙),这一部分检查称为活动面相对安定面的吻合性检查。

在装配过程中,工序结束后应及时进行多余物检查和清理。多余物是指遗留在无人机内一切不属于产品技术资料规定的物体。多余物存在重大安全隐患,必须彻底清除。

5.2.13　装配工艺规程格式

装配工艺规程一般由首页和内容页组成。

首页主要表达装配工艺规程涉及的各种与生产组织相关的内容,如与生产相关的图样名称、图样编号、工艺装备、设备、工具、刀具、任务编号、任务数量、生产车间、开工日期、完工日期、检验结果、人员信息等,首页是进行装配生产组织的依据,体现了生产准备、生产过程和产品检验的信息。

内容页主要是具体的工艺操作流程及操作内容,如工序号,该步骤需要装配的零部件、标准件品种、数量等。这些规范性的东西,通过实例描述更好理解。

5.3　无人机部件胶接装配间隙的测量及补偿方法

复合材料制件不允许像钣金件一样锉修(修边除外)和校形。另外,复合材料制件带应力强迫装配对制件本身容易造成损伤,同时使部件疲劳强度及可靠性降低。因此,复合材料制件不允许强迫装配,装配过程中需测量装配间隙,通过工艺补偿的方式消除装配应力。

本节主要讲述无人机合拢胶接装配间隙测量及补偿的方法和步骤。本方法适用于无人机装配胶接时,部件骨架(无上板件或下板件)与卡板或压框内型面之间的,或者预装完板件后外型面与卡板或压框内型面之间的间隙测量和补偿。

部件胶接合拢装配间隙测量时所用的检测工具为塞尺、专用检测销等。测量间隙是实际测量的数值。胶接间隙是工艺规定的胶层厚度,一般为 0.1～0.3 mm,商品胶黏剂除外,补偿间隙是指测量间隙减去胶接间隙所得的数值。

5.3.1　测量准备

依据图样及工艺规定的间隙数值,准备合适的测量工具。

一般情况下:待测间隙小于 1.5 mm 时,使用塞尺测量;待测间隙大于 1.5 mm 时,若有专用检测销,则使用检测销,若无专用检测销,可使用塞尺。

5.3.2　间隙测量时机

在进行以下几类操作时,需进行间隙测量:

(1)部件合拢胶接前,板件预装配完成后,取下上或下板件时,测量骨架与压框的间隙,补偿间隙等于测量间隙减去板件厚度及胶接间隙后的差值。

(2)部件合拢胶接前,测量预装配完板件后部件外形面与压框的间隙,补偿间隙等于测量间隙减去胶接间隙后的差值。

(3)部件合拢胶接固化后,下架之前,测量板件与压框的间隙。

(4)工艺规程要求进行的间隙测量。

5.3.3 间隙测量方法

1.塞尺测量

根据待测间隙的尺寸,选择合适厚度的测片,塞入待测间隙中,根据塞片的通过性,判断间隙的尺寸。

若塞片不能塞入,则需要减小塞片厚度,重新测量;若塞片可以塞入,且目测塞片与待测部件间还有明显间隙,则需增加塞片的厚度,重新测量;若塞片可以塞入,但塞入时较紧,则认为塞片的厚度即为待测间隙的值。

当待测间隙大于塞尺最大单片厚度时,可以将若干塞片组合,来进行间隙测量。测量时,要压紧各塞片,保证其贴合紧密。

2.检测销测量

将检测销塞入待测间隙:

(1)若不能塞入,则表示待测间隙小于检测销直径。

(2)若能塞入,且检测销与待测部件间还有明显间隙,则表示待测间隙大于检测销直径。

(3)若能塞入,且塞入时较紧,则表示待测间隙约等于检测销直径。

5.3.4 间隙补偿

在合拢胶接装配时,预留胶接间隙一般小于 0.15 mm,补偿间隙可取值为 0.3 mm,若补偿间隙过大,则需要铺贴相应层数的玻璃布进行补偿。

补偿间隙过大,且超差不大于 0.5 mm 时,在板件对应位置的梁槽、肋槽铺贴相应层数的玻璃布进行补偿。贴布时要求尽量采取对称铺贴方式,即尽可能保证在上、下板件梁槽、肋槽铺贴的玻璃布层数相同或相近。例如,若补偿间隙为 0.5 mm,经计算应贴 4 层玻璃布,则在上、下板件对应的梁槽、肋槽对称地各贴 2 层玻璃布,若间隙超差为 0.375 mm,经计算应贴 3 层玻璃布,则在一侧板件对应的梁槽、肋槽贴 1 层玻璃布,在另一侧贴 2 层玻璃布。

当间隙在 0.15 ～0.5 mm 之间时,采用 CAMS12001 可剥垫片。当间隙大于 0.5 mm 时,采用 ZT7G/LT‑03A 复合材料垫片进行补偿。

补偿间隙大于 0.5 mm,应向工艺技术人员反馈,由工艺人员采取调整措施。

胶接间隙过小,也应向工艺技术人员反馈,由工艺人员采取调整措施。

5.3.5 记录

按工艺文件中相应的间隙测量及补偿记录表。记录测量的间隙值及铺层数,若无相应的间隙测量及补偿记录表,可在记录本上进行记录,要求记录型号、图号、间隙数值、间隙位置、铺层数日期和时间、操作人员等信息。记录需及时、完整、准确、无误。

5.4　无人机机身装配工艺设计

无人机机身主要用来装载设备和有效载荷、还可装载燃料、起落架/滑橇减震系统、战斗部及发动机等,也是飞机其他结构部件的安装基础,通过它将机翼、尾撑、尾翼、起落装置(滑橇或起落架)等部件连成一个整体。从无人机结构受力的角度看,机翼、尾翼、发动机(也可能安装在机翼上)、起降装置等都安装在机身上,并通过机身上的各种连接接头把各部分连成一个整体,因此,机身是无人机重要的受力部件。

5.4.1　机身结构

根据使用要求,机身应有足够的空间来安放全部装载,为了合理地安装这些装载,并兼顾无人机飞行性能,机身结构有其自身的显著特点,如机身的切面形状可以是椭圆形、圆形或其他各种曲线的组合形状,如图 5-1 所示。空气动力和结构强度、刚度方面,要求机身外形光滑,开口小而少等,在零件制造和机身装配时应根据这些特点综合考虑。

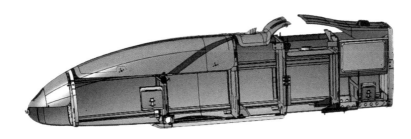

图 5-1　无人机机身结构

1.机身主要结构件

机身主要结构件分为蒙皮、桁条、桁梁、普通框、加强框等。其各自的功用及受力形式如下:

(1)蒙皮主要用来保持机身光滑的空气动力外形,承受并传递气动载荷给骨架,承受因剪力和扭矩产生的剪应力;有时也与桁条组成壁板,参与机身整体弯曲的轴向力。

(2)桁条的作用是承担和传递蒙皮传来的局部气动载荷,机身弯曲时还承受轴向力。

(3)由于使用要求,机身内不允许加平直的大梁腹板,所以机身的大梁一般是较强的型材,称为桁梁,一般分为上下左右 4 根,常见的为 Ω 形,机身蒙皮在弯曲时具有腹板的作用。

(4)普通框相当于机翼的普通肋,用来支撑桁条和蒙皮以维持气动外形。

(5)加强框相当于机翼的加强肋,除了维持外形外,主要用来承受和传递集中载荷。

2.机身典型结构

结合机身结构受力形式及功能要求,机身典型结构主要有以下三种:

(1)桁梁式。这类机身结构特点是长桁数量较少,甚至可以不连续,蒙皮较薄,但有几根桁梁,机身弯曲的轴向力主要由桁梁承受,剪力主要由蒙皮承受,如图 5-2 所示。

(2)桁条式。这类机身结构的特点是长桁较密、较强,蒙皮较厚。机身弯曲时的轴向力由许多桁条与较厚的蒙皮组成的壁板来承受,剪力全由蒙皮承受。壁板上不宜开大口。桁梁式和桁条式机身统称为半硬壳式机身,现代无人机大部分采用这种类型。

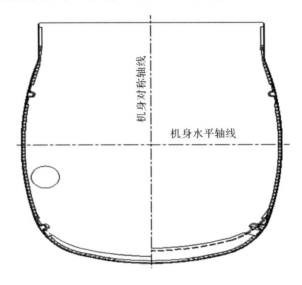

图 5 - 2　桁梁式机身截面

(3)硬壳式。其特点是蒙皮厚,没有纵向结构件,机身结构由蒙皮和少数隔框组成。厚蒙皮承受机身总体弯、剪、扭引起的全部轴力和剪力。这种形式在机身上用得很少。

3.机身口盖结构

基于使用、生产及维护上的要求,机身上不可避免地要设计多种口盖,如设备舱口盖、任务口盖、伞舱盖及检测口盖等,这会降低机身的强度和刚度。

设备舱口盖如图 5 - 3 所示,检测口盖如图 5 - 4 所示。

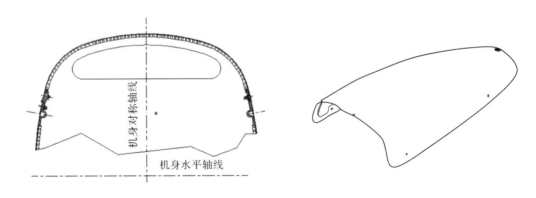

图 5 - 3　设备舱口盖

受力口盖与机身用螺钉相连,一般设在开口较大或不需要经常打开的地方。安装后相当于机身于没有开口,比如设备口盖。

非受力口盖与机身用快卸结构相连,一般设在开口较小或需要经常打开的地方,此时弯矩主要靠机身上的加强口框承受,比如检测口盖。

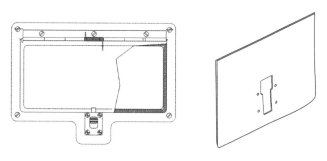

图 5-4　检测口盖

5.4.2　机身装配工艺设计应用

1. 无人机机身结构特点

从结构受力的角度看,机翼、尾翼、发动机(也可能安装在机翼上)、起降装置等都安装在机身上,并通过机身上的各种连接接头把各部分连成一个整体,要求机身有足够的空间来安放全部装载,为了合理地安装这些装载,并兼顾无人机飞行性能,机身结构有其自身的显著特点,如机身的切面形状可以是椭圆形,圆形或其他各种曲线的组合形状。

空气动力和结构强度、刚度等要求机身外形光滑,开口小而少等,在零件制造和机身装配时应根据这些特点综合考虑。

(1)机身结构。

机身结构分为半硬壳式、硬壳式两种结构,半硬壳式机身又分为桁梁式和桁条式两种。先进复合材料筒形机身一般采用硬壳式结构,现代无人机机身大部分采用半硬壳梁式结构。机身结构特点是长梁数量较少,甚至可以不连续,蒙皮较薄,机身弯曲的轴向力主要由长梁承受,剪力主要由蒙皮承受,机身壁板上可以布置大的口盖,如图 5-5 所示。

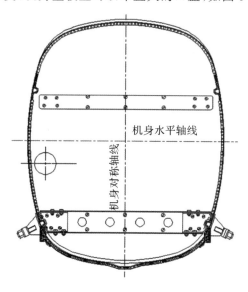

图 5-5　半硬壳梁式机身截面

（2）机身主要结构件。如图 5-6 所示，无人机机身主要结构件为蒙皮（板件）、长梁、普通框、加强框、各种连接接头等，其各自的功用及受力形式如下。

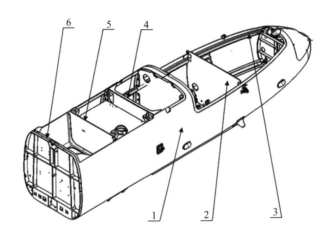

图 5-6　无人机机身结构

1—机身半间；　2—发射支点框　3,4—机翼机身对接框；　5—发动机安装框；　6—油箱舱盖板

板件主要用来保持机身光滑的空气动力外形，承受并传递气动载荷给骨架，承受因剪力和扭矩产生的剪应力，有时也与长梁组成壁板，参与机身整体弯曲的轴向力。由于使用要求，机身内不允许加平直的大梁腹板，所以无人机机身的长梁一般由型材或复合材料制件，一般分为上下左右 4 根，常见的为 Ω 形，机身蒙皮在弯曲时具有腹板的作用。机身上的普通框相当于机翼的普通肋，用来支撑桁条和蒙皮以维持气动外形。机身上的加强框相当于机翼的加强肋，除了维持外形外，主要用来承受和传递集中载荷。

（3）机身结构分析。某型无人机先进复合材料机身通过机身机翼接头与机翼进行对接。由于使用中要装载各种设备、搭载任务平台等，需要蒙皮上有较大的开口，如任务口盖、设备口盖、伞舱盖及检测口盖等，因此，机身结构采用半硬壳式长梁结构。

机身由左、右板件，普通框，加强框及接头等连接而成，在 1 框下部左右两侧设计有发射前支点，要求与发射架协调；1、2 框上有任务设备安装接头，要求与任务设备安装座协调；3、4 框上有机身机翼对接接头，要求与翼身对接接头协调,3 框下部为回收系统中斜撑杆上接头，要求与滑橇减震系统协调；加强框 5 框为发动机安装框，用于承载发动机安装后的集中载荷，要求与发动机安装孔协调。其中 1、3 舱为机载设备安装舱，2 舱为任务设备安装舱，下部有任务设备开口，4 舱为油箱舱，5 舱上部为降落伞舱，下部安装燃油组件和电池组。机身外部两侧安装有减震器接头和滑橇接头（见图 5-7）。

（4）机身零、组件特点。机身板件为碳纤维复合材料整体加筋壁板，在左、右板件上有上、下 4 根梁，框板为碳纤维层压板结构，局部有加强结构，以保证框板承力，加强框为铝合金结构，采用数控加工。

机身左、右板件采用先进复合材料热压罐共固化成型工艺，机身板件所用复合材料主要为 G0801HEXCEL 碳纤维布、隐身布等，上、下梁所用材料为 HD03/T300。板件与梁在阴模上铺贴后抽真空压实，采用热压罐整体共固化成型。

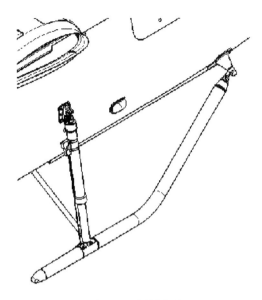

图 5 - 7　滑橇接头

接头、角盒、支架与机身板件、梁及框的连接均为环氧胶接加机械连接,如图 5 - 8 所示。

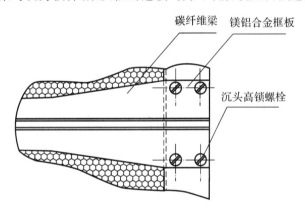

图 5 - 8　机身梁与加强框连接

2．机身装配方案

对于有外形要求的机身部件,多数采用以外形为基准的装配方法。机身部件在机身装配型架上的出架方式为机身左板件向下,右板件向上,打开卡板后从上面移出。

机身板件设计为左、右对分结构,设计分离面为机身对称轴线面,在进行机身装配之前,各复合材料框板在成型时按模具刻线印有机身对称轴线和机身水平轴线,预装配时,以装配型架框架基准面与框板对称轴线为基准,对框板进行预装配,合适后,以对称轴线和水平轴线为基准将框板组件上的加强板、安装座等零件,采用划线定位的方式正确定位到框板上,并用胶接、铆接、螺接等方法进行连接。

装配机身时,以机身对称轴线面为工艺分离面,采用以机身外形为基准的装配方式,装配时先将一侧板件定位,然后定位各机身交点,用交点和工装定位器定位各框板,测量装配间隙,机身板件外蒙皮与框板配合间隙不大于 0.5 mm,必要时在板件与框板间通过贴玻璃布等方式进行装配补偿,用环氧胶将框板与板件胶接成整体。在装配工装内用卡板加压进行胶接固化,待固化完成后移出,进行架外工作,包括机身左右板件内、外表面对缝处湿法贴玻璃纤维布加强、口盖安装、机身前部上口盖、下口盖、伞舱盖及检测口盖、发射回收系统、燃油系统、机载设备安装等后续工作。

3.装配型架设计与安装

(1)装配型架设计。机身装配须在装配型架中进行,各接头交点、机身左右板件、各框板的定位等都需要用工装定位器来实现。

实例中的无人机机身板件为左右对分,装配胶接时需要翻转,因此,装配工装采用整体框架式翻转卡板结构,型架框架由槽钢焊接加工而成,框架通过转轴安装在底座上,型架分模面为机身左右对合面,即对称轴线面,机身出架方式为型架翻转后从其上方移出。

装配以机身外形及头部为基准,装配时机身板件采用外形卡板及头部外形挡块定位,机身重要交点,如发射前支点、斜撑杆上接头、机身机翼接头、发动机安装孔采用交点定位器定位,各框板由框板上的交点和工装卡板上的定位器共同定位,在某些部位还可以采用辅助工装定位,各框板的定位方法如下:

1)1 框框板:由发射前支点和卡板上的定位挡块定位。

2)2 框框板:以定位后的一框为基准,采用任务设备安装支架样件定位。

3)3 框框板:由机身机翼接头和斜撑杆上接头定位。

4)4 框框板:由机身机翼接头和卡板上的定位挡块定位。

5)5 框框板:由发动机安装交点定位器定位。

6)4A 框框板:以定位后的 5 框为基准,采用辅助支撑块定位。

对于机身上的其他交点,根据实际情况分别采用外形划线定位和交点定位器定位等方式。

夹紧方式可采用接头连接螺栓、卡板压紧块、弓形夹辅助夹紧等,定位夹紧完成后,可进行预装配,在产生干涉或需要协调的位置进行修配,并测量机身板件与框板间的胶接间隙,满足要求后,即可进行装配连接。左右板件与框板胶接时采用型架卡板加压。机身装配工装结构如图 5-9 所示。机身结构预装配如图 5-10 所示。

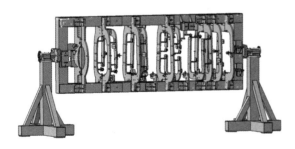
图 5-9 机身装配工装结构

图 5-10 机身结构预装配

(2)装配型架安装。为保证出架后机身、机翼及其余交点的顺利对接并满足无人机批生产时产品一致性及互换性要求,需要考虑不同部件间的协调方法,以保证多套机身装配工装的一致性。需考虑装配型架的安装方法,常用的工装安装方法有按模线样板安装、按标准工装安装、按光学仪器安装和按划线钻孔台安装等。

　　实例中的机身装配型架采用标准工装安装法。标准工装是以 1∶1 的真实尺寸体现产品某些部位几何形状和尺寸的刚性实体,作为制造、检验和协调生产用工艺装备的模拟量标准,它是保证生产用工装之间和产品部、组件之间尺寸和形状协调与互换的重要依据。

　　图 5－11 所示为无人机机身标准工装,它具有机身水平测量点、发射前支点、机身机翼接头、发动机安装连接孔等重要机身交点的真实尺寸,是机身装配型架安装和检测的模拟量实物依据。

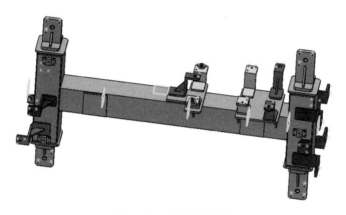

图 5－11　机身标准工装

　　图 5－12 所示为用机身标准工装安装机身装配型架。

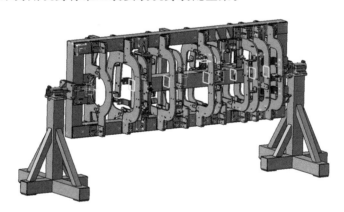

图 5－12　机身标准工装安装机身装配型架

　　4.容差分配与工艺补偿技术

　　无人机机身装配过程比较复杂,涉及的零件很多,需要协调的尺寸也很多。制定容差分配及工艺补偿是机身装配的关键环节。

　　为保证机身外形,机身板件采用以外形为基准的成型方法,成型模为阴模,制造时取正差,复合材料机身框板与机身板件内形配合,考虑到层压板厚度的不均匀性,框板采用以对称轴线为基准的成型方法,制造时外形取负差,各加强框进行数控加工,外形取负差。装配机身时,框与机身板件的间隙通过测量后铺贴玻璃布进行补偿。

对机身上的其余零组件,采用制定交接状态进行协调和补偿。为了减小协调误差,提高装配准确度,需要配钻的孔一般不制出,零件上作为引孔的连接孔一般先制出底孔。机身加强角盒的连接孔加工时不制出,在装配时制出。如图5-13所示,接头垫板上的连接孔和框板上的连接孔在零件状态下不制出,装配时按照定位好的接头底孔钻、扩等。这样既可以减小尺寸协调误差,还有利于进行补偿。

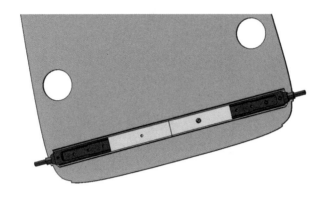

图5-13 按发射支点底孔配钻垫片及框板

5.互换与协调技术

机身板件设计为左、右对分结构,设计分离面为机身对称轴线面,除机身几何外形需要保证外,各框板的理论轴线位置、机身机翼对接接头、前发射支点、斜撑杆上接头、滑橇接头和减震器接头等交点位置也需要保证,这些都需要用机身装配型架进行定位。

机身采用数字量和模拟量相结合的协调方法。机身主要构件采用数字量传递进行协调,板件采用数控加工的阴模成型,铝合金加强框采用数控加工。为保证零件定位孔与机身外形的关系,金属零件数控加工时的定位基准需与装配定位基准统一。零件加工后进行三坐标检测,以保证零件具有较高的协调准确度和外形准确度。机身机翼接头、发射前支点、斜撑杆接头、减震器接头和滑橇接头依据CAD模型制造的量规进行协调。机身互换协调系统如图5-14所示。

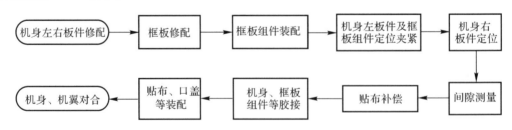

图5-14 机身互换协调系统

为保证机翼、机身部件间的正确对接,机翼、机身标准工装制造完成后须进行对接协调。实例中采取以机翼标准工装为基准的协调方法,机翼标准工装用激光跟踪仪进行安装,机身标准工装采用激光跟踪仪结合机翼标准工装的安装方法,这样既可以保证两种标准工装的准确性,还可以保证标准工装之间的相互协调。机翼、机身标准工装对接如

图 5 - 15 所示。

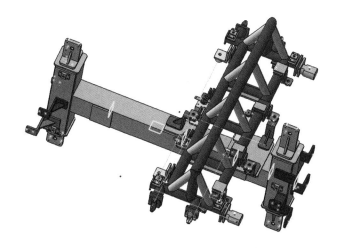

图 5 - 15　机翼、机身标准工装对接

6.机身装配顺序

制定机身装配顺序时,应该对机身装配全过程进行合理规划,根据机身结构特点,综合考虑零部件的装配顺序及操作的可达性,以最简单的操作方法和步骤完成机身装配,同时保证产品的质量满足设计要求。

在机身胶接装配之前,各框板组件、部分设备安装支架等一些小组件或其零件的安装需要在胶接前安装到机身内。

机身部件的装配顺序遵循小组件→大组件→部件的原则,先进行框板预装配,再进行框板组件装配,最后再进行框板组件与机身左右板件胶接,机身装配流程如图 5 - 16 所示。

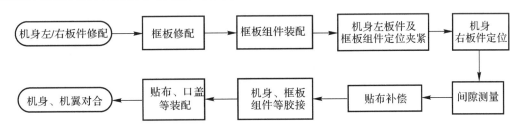

图 5 - 16　机身装配流程

7.机身装配工艺规程设计

确定机身装配过程和工装方案以后,就可以基本确定装配所需要的工具、辅助夹具、刀具、耗材等必需品的品种和数量,以及装配过程中用到的各种典型工艺规范。结合生产任务数量及"制造验收技术规范",就可以进行机身装配工艺规程设计。根据"制造验收技术规范"确定检验内容后,就可以在恰当时机设置检验点,进行产品的质量控制。

8.机身部件检测

机身复合材料整体壁板及复合材料层压板框可采用超声波扫描 A 扫描或 C 扫描,采用专用销棒或通止规检测对接孔径尺寸,目视检查复合材料结构孔壁及出/入口表面是否存在分层、拉毛等。采用专用窝量规检查锪窝质量,以保证紧固件安装后的表面质量。采用塞尺检测板件与卡板间隙,采用外检卡板或激光扫描仪检测机身理论外形。

5.5 无人机机翼装配工艺设计

机翼是为无人机提供升力的主要部件,机翼上空气动力的大小和方向,很大程度上取决于机翼的翼型。机翼的几何特性包括机翼的平面形状和前视形状。按照平面形状的不同,机翼可分为长方形机翼、梯形机翼、后掠机翼和三角形机翼四大类。前两种主要用于低速无人机,后两种主要用于高速无人机。

机翼安装在机身上,在气动力、质量力的作用下,像一根固定的双支点外伸梁。

5.5.1 无人机机翼结构特点

无人机机翼是无人机产生升力的主要部件,机翼后缘设有副翼或襟翼。

考虑到空气动力、结构强度和刚度,要求机翼外形光滑,开口小而少等,在零件制造和机翼装配时应根据这些特点综合考虑。

1.机翼结构

无人机机翼按照受力形式的特点分为梁式机翼和单块式机翼两大类。梁式机翼主要是以集中的纵向构件(大梁)来承担弯矩的,梁式机翼又有单梁、双梁、多梁之分。无人机机翼结构多为双梁式机翼。单块式机翼主要以分散的纵向构件,即桁条与蒙皮组成的壁板来承担因弯曲产生的轴力,称为单块式机翼。

2.机翼主要结构件

无人机机翼结构是由展向构件和弦向构件组成的骨架,再加上蒙皮。在机翼根部装有接头,以便于和机身(或外翼)连接。

展向构件包括前梁、后梁及桁条等。在梁式机翼中,前、后梁是主要的承弯构件。一般由缘条(受轴力)和腹板(受剪力)组成,梁和蒙皮连接以达到互相支持的目的。在机翼分离面处用接头传递弯矩和剪力。梁式机翼的桁条主要用来支撑蒙皮,以提高抗剪能力和增加局部刚度,其不参与承受弯矩,可沿弦向任意分段,在分离面无需安装对接接头。

弦向构件包括普通翼肋和加强翼肋。普通翼肋主要用来支持桁条和蒙皮以维持气动外形,按需要分段并与梁腹板连接。加强翼肋除了支持桁条和蒙皮以维持气动外形之外,还需要承受集中力,与蒙皮和梁腹板有较强的连接。

大梁接头大都采用高强度合金钢经机械加工而成,为了传递弯矩和剪力,上、下接头一般都做成叉耳的形式。

3.某型无人机中翼结构分析

某型无人机碳纤维复合材料中翼为了方便拆卸,采用双梁式结构。通过前、后梁接头与中、外翼对接,通过机翼机身接头与机身进行对接。

中翼结构主要由上、下壁板,前、后梁接头,前、后梁,机翼机身前、后接头,连接角片,翼肋,翼-撑连接前、后接头,连接管,翼-撑对接接头,测量点衬套,后发射支点,尾撑上、下整流罩等组成,中翼结构如图5-17所示。

接头、角片、翼-撑连接,前、后接头与梁及翼肋的连接,均为环氧胶胶接加机械连接,骨

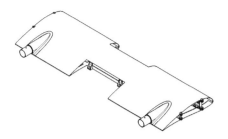

图 5 - 17　无人机中翼结构

架装配完成后,再与上、下壁板依次进行胶接,角片与机翼机身前接头、前梁及翼肋连接如图 5 - 18 所示。

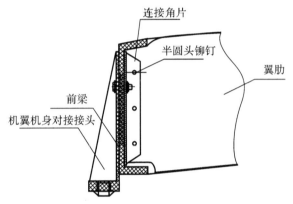

图 5 - 18　角片与机翼机身前接头、前梁及翼肋连接

4. 中翼零、组件特点

中翼上、下壁板及前、后梁为碳纤维层压板结构,壁板所用复合材料为厚度 0.10 mm 的 G0801 HEXCEL 碳纤维布、隐身布等,前、后梁所用材料为 HD03/T300,单向碳纤维预浸料。壁板与梁在阴模上铺贴抽真空压实后采用热压罐成型。翼肋为碳纤维层压板结构,采用模压成型。加强肋为铝合金结构,采用数控加工。

5.5.2　中翼装配方案

对于有外形要求的机翼部件,多数采用以外形为基准的装配方法。中翼部件在中翼装配型架上的出架方式为中翼部件下壁板向下,上壁板向上,打开卡板后从上面取出。

在装配过程中对各接头交点、前后梁、各翼肋、上下壁板定位,定位完成后进行骨架装配,采取先装接头与梁,后装梁与肋的顺序,然后在装配型架上将骨架与壁板胶接装配成整体,最后进行机翼的架外工作。

1. 梁组件装配

先分别将前梁接头、前梁、机翼机身前接头、连接角片装配成前梁组件,将后梁接头、后梁、机翼机身后接头、连接角片装配成后梁组件,角片与碳纤维复合材料梁连接时,如间隙不大于 0.5 mm,那么用 EW - 100B 玻璃布用环氧胶铺贴消除间隙,如间隙大于 0.5 mm,那么用 G0801 碳布和 2 层 EW - 100B。

2．骨架装配

中翼骨架为双梁式结构，具有分为前、中、后三段的 6 个翼肋，前、后梁组件、各翼肋由连接角片用铆接、螺接等方法连接成中翼骨架，同时将尾撑连接接头装配到骨架上。

3．中翼装配

中翼上、下壁板成型模型面数控加工后刻有壁板外轮廓尺寸线，壁板依据表面印有的尺寸线进行修合，复合材料壁板边缘修合后涂 DG-3 封边胶进行处理，以防起毛撕裂。中翼上下壁板以型架卡板定位为主，以画线定位为辅。将中翼骨架与中翼上、下壁板预装配成中翼，由于不能强迫装配，为消除应力，须对骨架装配过程中产生的间隙进行测量，在骨架与壁板连接面处进行补偿，最后用环氧胶将骨架和上、下壁板胶接成中翼。

4．架外工作

装配完成后，将中翼从装配工装中取出，进行中翼对合面处理等后续工作。

机翼部件装配完成后，就可以进行全机翼对接、机翼机身对接、电缆安装等无人机系统的工作。

5.5.3 装配型架设计与安装

1．装配型架设计

中翼壁板设计为上、下对分结构，设计分离面为中翼弦平面，除中翼几何外形需要保证外，各翼肋的理论轴线位置，机翼机身对接接头，中翼前、后梁接头，翼-撑对接接头，测量点衬套及后发射支点的定位等都需要用工装定位器定位夹紧。

无人机中翼为上、下对合胶接结构，装配时需要翻转以保证胶接质量，因此，装配工装采用整体框架式翻转结构，型架框架由槽钢焊接加工而成，框架通过转轴安装在底座上，型架分模面为中翼上、下对合面，即中翼的弦平面，中翼装配完成后通过接头定位器上的可更换钻套实现对中翼、中外翼接头的精加工，实现中翼与中外翼交点的协调。中翼出架方式为型架框架翻转后从其上方移出。

装配以中翼外形为基准，装配时中翼板件外形采用工装型面定位；中翼前、后梁接头，机翼机身接头，机翼尾撑连接接头，后发射支点安装座，水平测量点衬套采用交点定位器定位；各肋采用工装卡板和梁定位；连接角片采用梁和肋腹板面定位。各装配件的定位方法如下：

（1）中翼上、下壁板：型架卡板内形面定位为主，划线定位为辅。

（2）各接头交点：工装定位器定位。

（3）机翼前梁：以定位后的中翼前接头、机翼机身前接头连接面定位。

（4）机翼后梁：以定位后的中翼后接头、机翼机身后接头连接面定位。

（5）机翼各肋：由工装卡板定位外形，由卡板上的定位挡块定位肋轴线。

（6）各连接角片：以定位好的梁和肋基准面定位。

机翼上的其他装配零件，根据实际情况以定位好的机翼零件作为参考，采用划线或基准孔等方法进行定位。

夹紧方式可采用接头定位螺栓、定位销、卡板压紧块、弓形夹辅助夹紧等，定位夹紧完成后，可进行预装配，在产生干涉或需要协调的位置进行装配补偿，并测量中翼壁板与中翼梁、肋间的胶接间隙，满足设计要求后，即可进行装配连接。机翼板件与骨架胶接时采用型架压框加压。中翼在工装中的装配情况如图 5-19 所示。

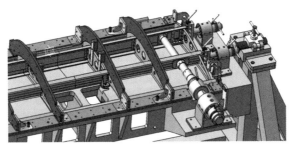

图 5-19　中翼在工装中的装配情况

2. 装配型架安装

为保证出架后机翼、机身及其余交点的顺利对接并实现无人机批生产时产品一致性及互换性要求,需要考虑不同部件间的协调方法,以确保多套机翼装配工装保持一致性。机翼型架安装采用标准工装安装法。标准工装采用激光跟踪仪进行安装。

中翼标准工装具有机翼机身连接接头、中翼前后接头、机翼尾撑接头等重要机翼交点的真实尺寸,作为中翼装配型架安装和检测的模拟量实物依据。用中翼标准工装安装中翼装配型架如图 5-20 所示。

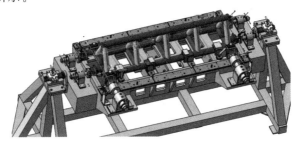

图 5-20　用中翼标准工装安装中翼装配型架

5.5.4　容差分配与工艺补偿技术

无人机机翼装配过程比较复杂,涉及的零件很多,需要协调的尺寸也很多。制定容差分配及工艺补偿是机翼装配的关键环节。

为保证机翼外形,机翼壁板采用以外形为基准的成型方法,成型模为阴模,制造时取正差,复合材料翼肋由于与机翼板件内形配合,考虑层压板结构厚度的不均匀性,翼肋采用以内形为基准的成型方法,成型模为阳模,制造时取负差,各加强肋数控加工时外形取负差。机翼装配时,翼肋与机翼壁板的间隙通过测量后铺贴玻璃布进行补偿。

对机翼上其余零组件,为了保证零件间的协调,减少装配工作量,提高装配准确度,在装配前需要进行零件状态控制,需要配钻的孔不制出,被定为零件上作为引孔的连接孔,先制出底孔。

翼-撑连接接头与梁连接时,按照接头上的底孔向梁配钻连接孔;在装配梁与肋时按照连接角片上的底孔分别向梁和肋配钻连接孔等。

5.5.5 互换与协调技术

中翼采用数字量加模拟量协调相结合的协调方法。机翼主要构件采用数字量传递进行协调,壁板、梁及翼肋采用数控加工的模具成型,铝合金加强肋采用数控加工,为保证零件定位孔与机翼外形的关系,金属零件数控加工时的定位基准须与装配基准统一。零件加工后进行三坐标检测,以保证零件具有较高的协调准确度和外形准确度。机翼前、后梁接头、机翼机身对接接头,翼-撑对接接头,测量点衬套,后发射支点等,依据 CAD 模型制造的量规进行协调。中翼部件互换协调系统如图 5-21 所示。

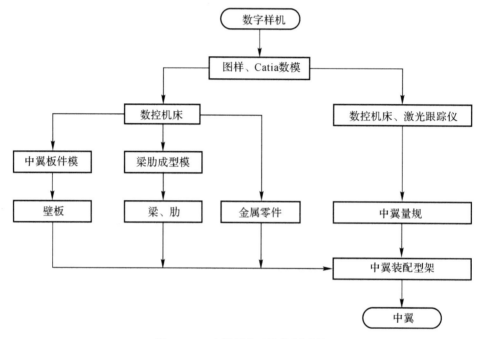

图 5-21 中翼部件互换协调系统

为保证机翼部件间的正确对接,机翼、机身标准工装制造完成后需进行对接协调。中翼标准工装与机身标准工装之间的对接协调采取以机翼标准工装为基准的协调方法,机翼标准工装用激光跟踪仪进行安装,机身标准工装采用激光跟踪仪结合机翼标准工装的安装方法,这样可以保证两种标准工装的准确性,还可以保证标准工装之间的相互协调。

5.5.6 机翼接头孔精加工技术

机翼对接接头作为重要连接交点,装配时用工装定位器定位(定位孔和端面),需要有一定的加工精度。为了消除机翼装配应力,在装配机翼接头时,接头连接孔应留有铰孔余量,在机翼装配完成下架之前,对全部机翼接头进行铰孔加工:机翼装配上、下模保持夹紧状态,拆下装配工装上其中一个机翼接头定位器的接头定位销,用专用接头铰刀将该机翼接头连接孔铰到终孔,然后用终孔定位销再次定位该接头,依次重复铰孔,直到将全部机翼接头连接孔都铰到终孔状态。

5.5.7　中翼装配顺序图

通过对机翼装配全过程进行合理规划,制定机翼装配顺序,根据机翼结构特点,综合考虑零部件的装配顺序及操作的可达性,以最简单的操作方法和步骤完成机翼装配,同时保证产品的质量满足设计要求。

中翼部件的装配顺序遵循小组件→大组件→部件的原则,采用以骨架为基准的装配方式时,先进行梁组件装配,再进行骨架装配,最后进行骨架与上、下壁板胶接的装配,如图 5 – 22 所示。

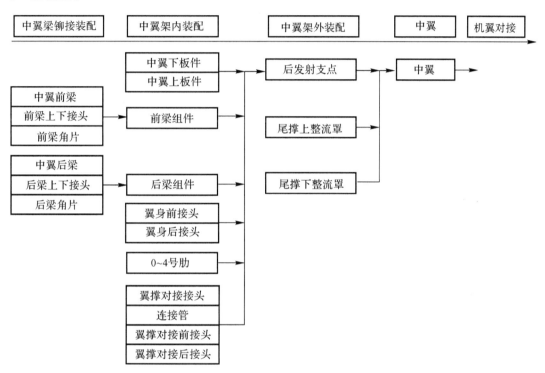

图 5 – 22　中翼部件自左至右框式装配顺序

5.5.8　装配工艺规程设计

在掌握机翼的结构特点和零件装配顺序、装配方法及工装方案的基础之上,就可以基本确定装配所需要的工具、辅助夹具、刀具、耗材等必需品的品种和数量,及装配过程中用到的各种典型工艺规范。再结合生产批量及制造验收技术规范,就可以进行机翼装配工艺规程设计。

5.5.9　中翼部件检测

机翼先进复合材料板件、前后梁及翼肋可采用超声波 A 扫描或 C 扫描;对机翼对接接头孔可采用专用销棒或专用通止规进行检查,目视检查复合材料结构孔壁及出入口表面是否存在分层、拉毛等。采用专用窝量规检查锪窝质量,以保证紧固件安装后的表面质量;采用塞尺检测壁板与骨架间隙;采用外检卡板或激光扫描仪检测机翼理论外形。

5.6 无人机舵面装配工艺设计

5.6.1 无人机舵面结构特点

无人机舵面是指位于机翼、平尾及垂直尾翼上的可操纵的部件,无人机舵面在操纵系统的控制下运动以改变无人机的飞行姿态,如通过控制位于舵面上的副翼运动可实现飞机的滚转,通过控制位于平尾上的升降舵运动可实现飞机的俯仰,通过控制位于垂尾上的方向舵运动(见图 5 - 23)可实现飞机的偏航运动等。

图 5 - 23 升降舵结构示意图

无人机舵面数量多,结构复杂、多样,相比机翼尺寸较小,装配关系不复杂,适合单独进行装配,如副翼、升降舵及方向舵等。装配和安装工作的自动化程度较低,质量要求高,技术难度大,无人机舵面装配和安装的工作量占整个无人机装配的 10%～15%,无人机舵面装配是无人机制造的重要环节之一。

1.无人机舵面结构

无人机舵面按受力形式的特点分为单梁式舵面和整体式舵面两大类,单梁式舵面主要以集中的纵向构件(大梁)及桁条来承担弯矩。无人机舵面结构多为单梁式舵面。无人机舵面大多是一个变刚度的多支点梁,弯矩小,结构质量轻,为单梁多肋式结构。当舵面结构高度较小时,可采用全高度泡沫夹芯结构或全高度蜂窝夹芯结构,以提高舵面的刚度。

全高度泡沫夹芯结构主要由上下蒙皮、前后梁和少量翼肋组成。除端部设计翼肋外,其他翼肋较少或被取消,其数量与形式按蒙皮稳定性和局部集中力载荷传递的需要布置。蒙皮为复合材料层压板,厚度一般较薄,承受正应力、剪应力。翼墙和翼肋为复合材料夹层结构或木质层板结构。弯曲载荷主要由内部泡沫芯材密集支撑的蒙皮来传递,剪力由墙传递,扭矩由蒙皮和前后墙组成的闭室来传递。

全腔填充泡沫夹芯结构由复合材料蒙皮和硬质泡沫塑料芯材组成,无梁,有少量肋(主要是端肋)。其承力原理与夹层结构梁类似,泡沫芯材起到腹板的作用。全泡沫夹芯结构舵面切面如图 5 - 24 所示。

副翼与机翼结构类似,副翼由骨架和蒙皮组成,骨架由梁、肋、接头组成。为减小副翼变形,可增加转轴数量。舵面安装在无人机各部件上,当舵面处于中立位置时,作为机翼或尾翼的一部分,它也是无人机产生气动力的部件之一。

在空气动力、结构强度和刚度方面,要求舵面外形光滑,在零件制造和舵面装配时应根据这些特点综合考虑。

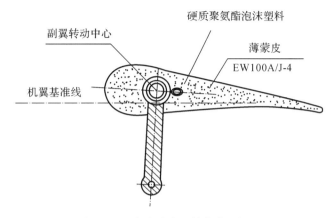

图 5 - 24　全泡沫夹芯结构舵面切面

2.副翼结构特点

无人机左、右机翼后缘外部通常各设一个副翼,并同时反向偏转以产生滚转力矩。在舵面前缘机翼上设计有封缘板,用于平滑机翼和副翼接缝处的气流。参照图 5 - 25 所示民航机舵面。

图 5 - 25　民航机舵面

图 5 - 26 为某型无人机副翼结构示意图。该副翼属单梁多肋式结构,由前、后段的肋,单梁,上、下整体壁板,前缘壁板等胶接而成。图 5 - 27 所示为 1 号肋组件,图 5 - 28 所示为 5 号肋,其上分别装有关节轴承作为旋转轴,图 5 - 29 所示为 2 号肋,其上装有与副翼操纵系统拉杆相连接的摇臂,转轴座和肋、摇臂和肋都采用螺栓连接。

(a)　　　　　　　　　　　　　(b)

图 5 - 26　某型无人机副翼结构示意图
(a)副翼隐去下壁板；　(b)副翼

为保证副翼在无人机飞行状态下对无人机进行横向滚转的有效控制,以及满足使用性、维修性要求,对副翼制造提出要求:气动力外形准确度要求;副翼和机翼对接的准确度要求,如为保证操纵灵活,避免在飞行中机翼弯曲使副翼卡死;对多支点转轴的同轴度要求;副翼和机翼之间的间隙和外形阶差要求;转轴相对于副翼外形的空间尺寸要求;摇臂轴相对于副翼外形的空间尺寸要求;等等。这样可以实现副翼的互换性。

副翼上、下壁板,梁及肋为碳纤维层压板薄壁结构,壁板及肋所用复合材料为厚度 0.10 mm 的 G0801 HEXCEL 碳纤布,梁所用材料为 HD03/T300。壁板与梁在阴模上铺贴并抽真空压实后进行热压罐成型。翼肋采用模压成型。

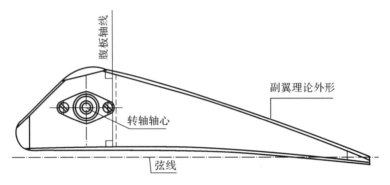

图 5 - 27　1 号肋组件示意图

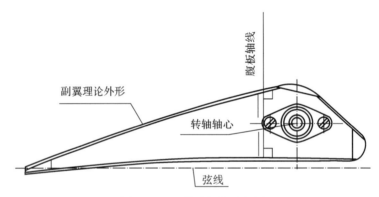

图 5 - 28　5 号肋组件示意图

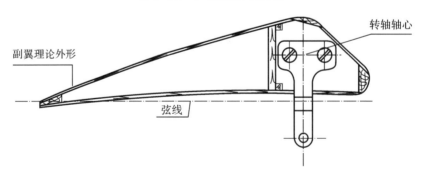

图 5 - 29　2 号肋组件示意图

5.6.2　副翼装配方案

对于有外形要求的舵面部件,多数采用以外形为基准的装配方法。副翼在副翼装配模具上的出架方式为副翼部件上壁板向下,下壁板向上,打开压框后从上面取出。

副翼装配的难点在于如何保证副翼理论几何外形与转轴和摇臂交点之间的空间位置,如何保证副翼与机翼的对接及互换性,对于和无人机外形相关的空间位置关系,一般需要采用专用工艺装备来保证,即如何定位的问题。

由于副翼主要由上、下壁板和梁、肋组成的骨架装配而成,因此工艺分离面选定为上、下壁板对合面,既便于产品出架又有足够的操作开敞性。

对于具有外形要求的副翼,可采用以外形为基准的装配方法进行装配定位。装配时将副翼理论外形及大端面作为定位基准,进行装配时先将下壁板和前缘壁板由外形及端面定位到装配工装上,再以工装定位器定位副翼两端的转轴、梁、肋、摇臂接头,然后将梁、肋组成的骨架胶接到下壁板上,装配完成后,将副翼上壁板安放到骨架上,进行副翼外形检测,检测完外形后,在骨架和下壁板之间进行工艺补偿,以保证装配后的副翼外形,最后将下壁板和骨架装配成整体。待副翼在装配工装加压下整体胶接固化完成后,将副翼从工装内移出,清理表面余胶。

5.6.3　装配型架设计与安装

1. 装配型架设计

副翼装配需在装配工装中进行,各转轴,接头交点,梁,各肋,上、下壁板的定位等都需要用工装定位器来实现。

副翼相对机翼尺寸较小,可采用固定水平的方式放置包络式模具,其为上下对开的结构形式。以副翼上、下壁板的对合面作为工装分模面。

副翼转轴、摇臂转轴为重要交点,采用专用定位器定位,同时可定位与其相关的 1 号、2 号、5 号肋;副翼上、下壁板,前缘壁板采用工装型面及画线定位方式,同时保证副翼理论外形;梁和其余肋的定位精度要求不高,采用工装上的画线定位方式。

副翼主要采用胶接结构,骨架和下壁板、前缘壁板胶接时采用重物(铅块、沙袋等)加压;骨架和上壁板胶接时采用工装压框加压。图 5-30 所示为副翼装配工装和底座。

(a) (b)

图 5-30　副翼装配工装和底座
(a)副翼装配工装；　(b)底座

2. 装配型架安装

为保证出架后舵面与机翼交点的顺利对接并满足无人机批生产时产品一致性及互换性要求,需要考虑不同部件间的协调方法,以保证舵面装配模具与机翼装配型架保持互换协调。舵面模具采用钢板焊接框架,数控加工,定位器采用副翼安装标准样件装配。

副翼安装标准样件具有副翼转轴、摇臂接头等重要交点的真实尺寸,其是副翼装配工装安装和检测的模拟量实物依据。

5.6.4 容差分配与工艺补偿技术

无人机舵面装配过程比较复杂,涉及的零件较多,需要协调的尺寸较多。制定容差分配及工艺补偿是舵面装配的关键。

为保证舵面外形,舵面壁板采用以外形为基准的成型方法,成型模为阴模,制造时取正差。复合材料翼肋由于与副翼壁板内形配合,考虑层压板结构厚度的不均匀性,翼肋采用以内形为基准的成型方法,成型模为阳模,制造时取负差。舵面装配时,翼肋与舵面壁板的间隙通过测量后铺贴玻璃布进行补偿。

对舵面上其余零组件,为了保证零件间的协调,减少装配工作量,提高装配准确度,在装配前需要进行零件状态控制,需要配钻的孔不制出,被定为零件上作为引孔的连接孔先制出底孔,采用制定交接状态进行协调和补偿。

翼肋与转轴及摇臂连接时,按照转轴及摇臂上的底孔,向肋配钻连接孔;在装配梁与肋时,按照连接角片上的底孔,分别向梁和肋配钻连接孔等。

5.6.5 互换与协调技术

副翼采用数字量加模拟量相结合的协调方法。舵面主要构件采用数字量传递进行协调,壁板、梁及翼肋采用数控加工的模具成型,金属零件采用数控加工,为保证零件定位孔与舵面外形的关系,金属零件数控加工时的定位基准须与装配基准统一。零件加工后进行三坐标检测,保证零件具有较高的协调准确度和外形准确度。舵面转轴、摇臂接头依据CAD模型制造的安装标准样件进行协调。副翼部件互换协调系统如图5-31所示。

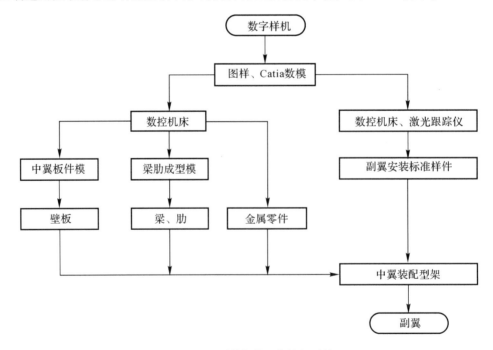

图 5 - 31 副翼部件互换协调系统

为保证舵面部件间的正确对接,制造舵面标准样件与机翼装配型架时需进行对接协调。副翼标准样件与机翼装配型架之间采取以舵面标准样件为基准的协调方法,舵面标准样件采用数字化测量设备。关节臂安装时,机身装配型架采用机身标准工装及副翼标准样件的安装方法,这样可以保证两种装配工装的准确性和协调性。

5.6.6　副翼装配顺序

舵面装配顺序应该满足对舵面装配全过程进行合理规划的要求,根据舵面结构特点,综合考虑零部件的装配顺序及操作的可达性,以最简单的操作方法和步骤完成舵面装配,同时保证产品的质量满足设计要求。

遵循小组件→大组件→部件的原则,先进行转轴及摇臂接头定位及肋装配,再进行骨架装配,最后进行骨架与上、下壁板胶接,如图 5-32 所示。

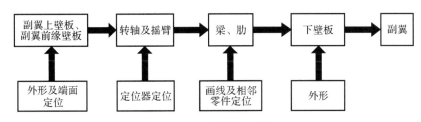

图 5-32　副翼装配顺序

5.6.7　副翼装配工艺规程设计

在确定装配方案、工艺装备及装配顺序后,就可以确定装配过程中所需要的工具、刀具、量具以及耗材品种。

工具:风钻或手电钻、电子秤、配胶板、刮胶片。

刀具:φ3.1 mm 钻头、铲刀。

量具:钢板尺、卡尺、塞尺。

消耗材料:棉纱、酒精、橡胶手套、砂纸等。

按照工艺规程要求的格式,将图样信息、工具信息、技术文件信息,以及装配工作内容写入装配工艺规程中,并按照产品技术要求给出需要检验的内容。

在实际装配工作中验证工艺规程的正确性和可操作性,并不断地完善和改进工艺规程。

5.7　无人机尾撑装配工艺设计

单尾撑或双尾撑布局是无人机常见的构型,通过在尾撑尾部安装垂、平尾,可提升无人机的稳定性和操控性。

树脂基碳纤维复合材料具有比强度高、比模量大、加工工艺性良好等特性,无人机尾撑杆多为碳纤维和玻璃纤维缠绕而成的锥管结构。

5.7.1　尾撑图样分析

某型无人机采用上单翼、双尾撑、双垂尾、后推式气动布局。其中,将套管螺栓连接在中翼上用以支撑尾翼的碳纤维尾撑是无人机的重要承力构件,尾撑杆长约 2 000 mm,长径比大,在飞行中承受弯、剪、扭等复合载荷。

尾撑由材料不同的多个薄壁回转体零件组成。尾撑由内向外由螺母(45)、接头(LY12-CZ)、衬套(LY12-CZ)、碳纤维尾撑杆(HD03/T700)组成,尾撑装配如图 5-33 和 5-34 所示。为满足尾撑与中翼的互换协调,各件之间采用紧固螺钉连接,螺母、接头、衬套、尾撑上均有 8-ϕ6H7 的精制孔,连接精度高,除螺母外各件均需铰孔,制孔难度大,且要求装配后尾撑的同轴度为 0.25。

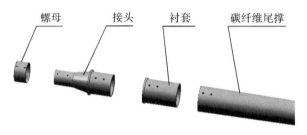

图 5-33 尾撑装配(一)

5.7.2 尾撑装配方案设计

在产品试制阶段,可设计、制造的尾撑钻孔夹具完成尾撑上 8-ϕ6H7 孔的钻制,螺母上螺纹底孔 8-ϕ4.2 和衬套、接头上 8-ϕ6H7 孔的钻、扩、铰均需按尾撑杆上的孔分工序配做,但制孔时对使用者技能要求很高、效率低、劳动强度大,且产品无互换性。

在小批生产阶段,为满足使用要求,用尾撑钻孔夹具完成尾撑上 8-ϕ6H7 孔的钻、铰,利用 CMM,通过反求工程,在数控铣床上完成螺母上 8-M5-6H 螺纹孔的加工及衬套、接头上 8-ϕ6H7 孔的钻、扩、铰。但该方案需在数控机床上频繁装夹零件,加工效率低,费用高,存在二次定位误差,各件在装配时需选配。

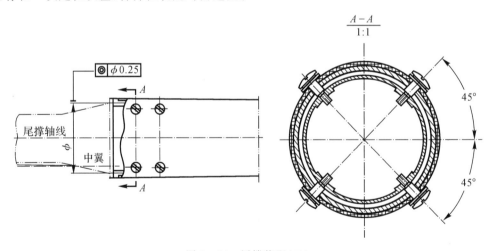

图 5-34 尾撑装配(二)

在批生产阶段,借助组合夹具的优点,可彻底解决尾撑制孔问题,在钻孔组合夹具上分

3 次完成全部零件的钻、扩、铰等功能,效率高,经济效益好,当分度盘精度足够高时,各件可完全互换。

尾撑杆由碳纤维缠绕而成,碳纤维层间剪切、压缩强度低,抗冲击能力差,钻孔时钻头轴向力过大时易造成构件层间分层、撕裂、起毛及入口劈裂等。树脂基碳纤维复合材料的硬度(62HRC~65HRC)和高速钢钻头常温硬度(62HRC~65HRC)极为接近,采用碳素工具钢或高速工具钢钻削,刀具磨损快。制孔时应采用相应的刀具和合理的钻削参数,提高制孔质量。此外,还应保证孔的形、位准确度,以满足组装后部件的同轴度和使用要求。

3 次装夹的加工工艺路线为:螺母加工时,其上 8 - M5 - 6H 只制 1 - φ4.2 螺纹底孔,加工时用作工艺定位孔;用夹具一次装夹接头、衬套、尾撑杆,按钻模板上相应钻套制 1 - φ4.2 孔,安装螺母,各件用 φ4.2 定位销定位,制 7 - φ4.2 孔,取出螺母,螺母用专用攻丝夹具可攻丝 8 - M5 - 6H;用夹具一次装夹接头、衬套、尾撑杆,用 φ4.2 定位销定位,按钻模板上相应钻套一次钻、铰 8 - φ6H7 孔,使用专用定位销定位。

5.7.3　尾撑钻孔组合夹具设计

1.尾撑钻孔组合夹具结构特点及工作过程

碳纤维尾撑钻孔组合夹具主要由夹具体、三爪、钻模板、钻套、压板、V 形块、定位挡块、分度盘、定位销等组成,如图 5 - 31 所示。夹具体上表面与各定位元件、功能元件连接,下表面与机床连接。钻模板可换位使用。不同孔径可更换可换钻套。侧向压板可沿工件径向运动,以选择合适的夹紧位置。V 形块间距和高度可调。插销分度装置使夹具适于钻 4 个方向的径向平行孔。

将各件按图 5-35 所示顺序组装,按接头上预制的基准线及定位孔,用定位挡块及定位销定位接头,三爪夹持。尾撑杆用 V 形块定位,压板压紧。在钻床工作台面上以相应的工艺参数及合适的刀具按相应钻套进行制孔。

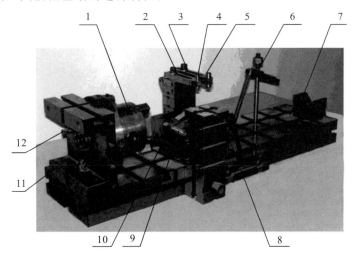

图 5 - 35　碳纤维尾撑钻孔夹具示意图

1—三爪;　2—钻模板1;　3—钻模板2;　4—钻套1;　5—钻套2;　6—压板;　7—短 V 形块;
8—定位挡块;　9—定位销;　10—长 V 形块;　11—分度盘;　12—定位销

2. 夹具设计要点

(1)定位装置。

尾撑在组合夹具上的定位是用三爪,压板,长、短 V 形块,定位挡块和定位销来限制其自由度的。按接头上划出的定位基准线,用定位销确定制孔的起始位置。在接头上的凸缘端面,用定位挡板定位接头的横向位置。在接头小端面用定位套实现对接头外圆表面的定心定位,三爪夹紧。接头、衬套、尾撑之间按零件凸缘端面、端面基准及内壁贴合定位。V形块可实现对外圆表面的定心对中定位,为了确定尾撑杆定位基准到外圆表面中心线的位置,采用夹角为 90[4] 的两个支承平面组成的长、短 V 形定位块定位,长 V 形块用于较长外圆表面定位,用于限制 4 个不定度,短 V 形块用于限制两个不定度。

(2)夹紧装置。

制孔时,工件主要受径向力作用;分度时,工件主要受切向摩擦力作用,故要求夹紧力适当、自锁性能可靠即可。为保证钻孔过程中工件保持已获得的定位,需使夹紧力的方向指向定位基准,以避免工件在夹紧力的作用下产生加工误差。为减小组合夹具的体积,翼撑对接接头采取反爪夹紧。翼撑对接接头为薄壁回转体零件,如直接夹紧,会使翼撑对接接头产生变形,为了避免夹紧变形,采取分散着力点和增大压紧件接触面积的措施,如使用弹性衬套或薄壁衬套。由于接头不大,因此可手动夹紧。尾撑杆采用压板压紧,装卸工件方便、迅速。

(3)转位和分度装置。

尾撑要求在夹具的一次装夹中加工孔系。翼撑零件为回转体结构,孔在其表面按一定距离和角度分布,需在夹具上安装分度装置,减少装夹次数,提高加工表面间的位置精度和生产效率。

针对产品结构特点,钻孔组合夹具采取机械卧轴式回转体分度装置。分度盘与转轴相连,带动工件一起转动。分度定位机构装在固定不动的分度夹具的底座上,分度和定位采用轴向分度装置,圆柱销定位。为防止制孔过程中产生振动及避免分度销受力而影响分度精度,设计时增加锁紧机构,用于把分度后的分度盘锁紧到夹具体上。

分度精度受分度盘上销孔或槽口等的影响,很难达到高精度。为实现高精度分度,选用基于"误差平均效应"原理设计的分度装置,不受分度盘上销孔或槽口等分误差的影响,可达到很高的分度精度。

(4)夹具与机床的连接方式。

普通钻床的工作台只能沿 Z 方向上下移动,不能沿 X、Y 方向移动,此时,钻孔组合夹具可自由安放在机床工作台上,以低转速按钻模板上的钻套导向对刀后,根据工艺参数,调整钻床主轴转速进行制孔。数控钻床的工作台可沿 X、Y、Z 方向运动,夹具可通过连接螺栓与底座上的螺孔和工作台面固定。

5.7.4 尾撑制孔刀具及工艺参数

使用立式普通钻床,采用整体式硬质合金麻花钻钻孔,孔的出口面加衬垫(衬套可起到衬垫的作用),低进给量(0.02～0.06 mm/r)和较大转速(1 400～2 400 r/min),无分层和劈裂现象,孔边光滑。进给量为 0.02～0.04 mm/r,孔的加工质量最好。

留铰孔余量(0.15～0.4 mm),采用与普通直槽刀相同的 YG330 硬质合金短铰刀以
500 r/min 的转速铰至最后尺寸。采用自动走刀方式,铰孔质量最佳。

5.7.5　尾撑装配

尾撑装配的过程:用紧固螺钉、垫圈、预装尾撑、尾撑衬套,螺母及翼撑对接接头,拆卸
后,胶接尾撑与尾撑衬套,固化后,组装各件。

5.8　无人机垂尾装配工艺设计

5.8.1　无人机垂平尾结构特点

无人机的尾翼是用来保证无人机的稳定性和操纵性的,迄今为止,大多数垂直尾翼和水
平尾翼,均置于飞机尾部,即采用常规式布局。尾翼操纵面可保证无人机在所有可能的飞行
状态下都能获得必需的稳定性和操纵性。

小型无人机平尾、垂尾等中型翼面,一般采用夹芯壁板墙式结构。夹芯壁板墙式结构由
上、下壁板、墙和若干翼肋组成,有单墙或多墙形式。弯曲载荷主要由壁板来传递,剪力由墙
传递,扭矩由夹层壁板和墙组成的腔体来传递。翼肋支持夹芯壁板翼面并传递局部集中力
载荷。在夹芯壁板墙式结构中,由于夹芯壁板承受正应力和剪应力,因此将其设计为可承受
面内正应力的复合材料夹芯结构。翼墙为复合材料夹层结构或木质层板结构。

这种结构形式一般适用于平尾、垂尾等中型翼面(见图 5-36),协调关系相对简单,结
构承载能力较强。

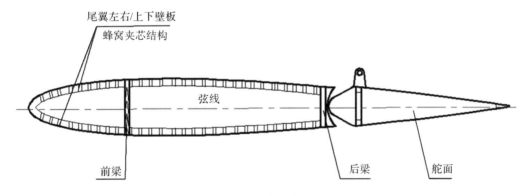

图 5-36　尾翼典型结构切面

1. 某型无人机垂尾结构特点

某型无人机玻璃纤维夹芯复合材料垂尾采用双梁式结构。为拆卸方便,通过平尾连接
孔与平尾对接,通过垂尾根肋与尾撑胶接连接,其为不可拆卸连接,运输时将垂尾尾撑作为
一个整体进行拆装、运输。

垂尾结构主要由左、右壁板,前、后梁,平尾前、后连接垫块,连接衬套、翼肋,翼尖,测量
点衬套等组成,垂尾根肋及 5 号肋上设有方向舵轴承卡箍,安装轴承及方向舵,垂尾结构如

图 5-37、5-38 所示。图 5-37 为垂尾主视图,图 5-38 为垂尾典型结构切面。

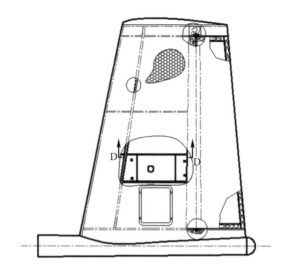

图 5-37　垂尾主视图

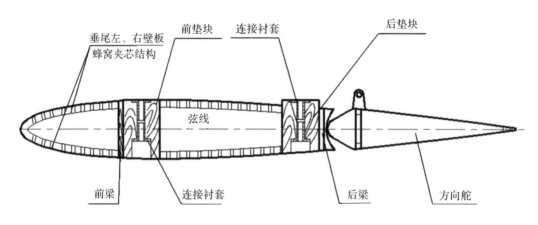

图 5-38　垂尾典型结构切面

2. 垂尾零、组件材料及成型方法

垂尾左、右壁板及前、后梁为玻璃纤维夹芯结构,壁板内、外蒙皮所用复合材料为厚度 0.10 mm 的 EW100B 碳纤布,夹芯为 3 mm 芳纶纸蜂窝和 2 mm 轻木,前、后梁所用材料为木材,如松木等。壁板在阴模上铺贴抽真空压实后经烘箱成型。翼肋为木质材料,如松木、桐木等,木质梁、肋采用木工数控铣床铣切成型。加强肋为铝合金结构,采用数控加工。

5.8.2　垂尾装配方案

对于有外形要求的尾翼部件,多数采用以外形为基准的装配方法。垂尾安定面在垂尾装配型架上的出架方式为垂尾安定面左壁板向下、右壁板向上,打开卡板后从上面取出。

在装配过程中对各接头交点、前后梁、各翼肋、上下壁板定位,定位完成后进行骨架装配,采用先装接头与梁,后装梁与肋的顺序,然后在装配型架上将骨架与壁板胶接装配成整体,最后进行垂尾的架外工作。

1. 梁组件装配

先分别将平尾连接衬套,平尾连接垫块定位,以平尾连接垫块面及型架梁轴线,安放前、后梁,合适后,用环氧胶胶接各件。

2. 骨架装配

垂尾骨架为双梁式结构,具有分为前、后 2 段的 4 个翼肋,3 个整肋,将前、后梁组件、各翼肋采用胶接连接成垂尾骨架。

3. 垂尾装配

垂尾左、右壁板成型模型面数控加工后刻有壁板外轮廓尺寸线,壁板依据表面印有的尺寸线进行修合,复合材料壁板边缘修合后涂 DG - 3 封边胶进行处理,以防起毛撕裂。垂尾左、右壁板以型架卡板定位为主,以画线定位为辅。将垂尾骨架与垂尾左、右壁板预装配成垂尾,由于不能强迫装配,为消除应力,需对骨架装配过程中产生的间隙进行测量,在骨架与壁板连接面处进行补偿,最后用环氧胶将骨架和上、下壁板胶接成垂尾。

4. 架外工作

装配完成后,将垂尾从装配工装中取出,进行垂尾对合面处理等后续工作。机翼部件装配完成后,就可以进行方向舵安装,垂尾尾撑胶接等工作。

5.8.3　装配型架设计与安装

1. 装配型架设计

垂尾壁板设计为左右对分结构,设计分离面为垂尾弦平面,除垂尾几何外形需要保证外,各翼肋的理论轴线位置、平垂尾对接衬套、测量点衬套及方向舵轴承的定位等都需要用工装定位器来定位夹紧。

无人机中翼为左右对合胶接结构,装配时需要翻转以保证胶接质量,因此,装配工装采用整体框架式翻转结构,型架框架由槽钢焊接加工而成,垂尾相对较小,框架上装有翻转手柄,螺接在底座上,型架分模面为垂尾左右对合面,即垂尾的弦平面。垂尾出架方式为型架翻转后从其上方移出。

装配以垂尾外形为基准,装配时垂尾板件外形采用工装型面定位;垂尾前、后梁接头,机翼机身接头,机翼尾撑连接接头,后发射支点安装座,水平测量点衬套采用交点定位器定位;各肋采用工装卡板和梁定位,连接角片采用梁和肋腹板面定位,各装配件的定位方法如下:

1) 垂尾上、下壁板:以模具及卡板内形面定位为主,以画线定位为辅。

2) 各接头交点:采用工装定位器定位。

3) 垂尾前梁:以定位后的平尾连接垫块基准面及模具画线定位。

4) 垂尾后梁:平尾连接垫块基准面及模具画线定位。

5) 垂尾各肋:由工装卡板定位外形,由模具基准面上的肋轴线定位。

垂尾上的其他装配零件,根据实际情况,将定位好的垂尾零件作为参考,采用画线或基准面等方法进行定位。

夹紧方式可采用接头定位螺栓、定位销、卡板压紧块、弓形夹辅助夹紧等,定位夹紧完成后,可进行预装配,在产生干涉或需要协调的位置进行装配补偿,并测量垂尾壁板与垂尾梁、肋间的胶接间隙,满足设计要求后,即可进行装配胶接。垂尾板件与骨架胶接时采用模具压框或卡板加压。

2. 装配型架安装

为保证出架后垂尾与平尾交点的顺利对接并满足无人机批生产时产品一致性及互换性要求,需要考虑不同部件间的协调方法,以保证垂尾装配模具与平尾装配型架保持互换协调。垂尾模具采用钢板焊接框架,数控加工,定位器采用方向舵安装标准样件装配,装配后的垂尾装配模具如图 5 - 39 所示。

方向舵安装标准样件具有方向舵转轴、摇臂接头等重要交点的真实尺寸,是方向舵装配模具安装和检测的模拟量实物依据。

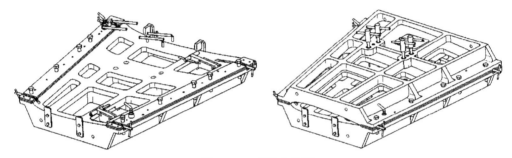

图 5 - 39　垂尾合拢模

5.8.4　容差分配与工艺补偿技术

无人机垂尾装配过程比较复杂,涉及的零件较多,需要协调的尺寸较多。制定容差分配及工艺补偿是垂尾装配的关键环节。

为保证垂尾外形,垂尾壁板采用以外形为基准的成型方法,成型模为阴模,制造时取正差,木质翼肋由于与垂尾壁板内形配合,数控加工时取负差。垂尾装配时,翼肋与垂尾壁板的间隙通过测量后铺贴玻璃布进行补偿。

对垂尾上其余零组件,为了保证零件间的协调,减少装配工作量,提高装配准确度,在装配前需要进行零件状态控制,需要配钻的孔不制出,被定为零件上作为引孔的连接孔先制出底孔,通过制定交接状态进行协调和补偿。

如翼肋上与方向舵轴承卡箍连接时,按照卡箍上的孔向肋配钻连接孔。

5.8.5　互换与协调技术

垂尾采用数字量加模拟量相结合的协调方法。垂尾主要构件采用数字量传递进行协调,壁板采用数控加工的模具成型,金属零件采用数控加工,为保证零件定位孔与垂尾外形的关系,金属零件数控加工时的定位基准须与装配基准统一。零件加工后进行三坐标检测,保证零件具有较高的协调准确度和外形准确度。垂尾转轴依据 CAD 模型制造的安装标准样件进行协调。垂尾安定面互换协调系统如图 5 - 40 所示。

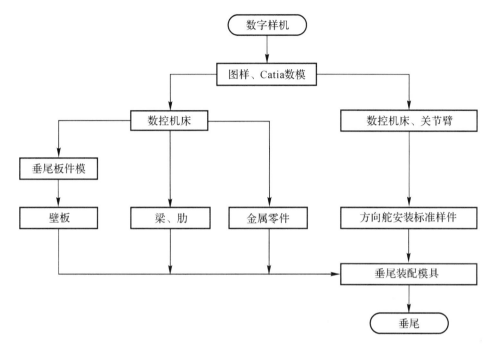

图 5 - 40　垂尾安定面互换协调系统

为保证垂尾部件间的正确对接,制造方向舵标准样件与垂尾装配模具时需进行对接协调。方向舵标准样件与垂尾装配型架之间的对接协调采取以方向舵标准样件为基准的协调方法,方向舵标准样件采用数字化测量设备(如关节臂)进行安装,垂尾装配模具采用平垂尾对接平板及方向舵标准样件的安装方法,这样可以保证 3 种装配模具的准确性和协调性。

5.8.6　垂尾装配顺序

制定垂尾装配顺序时,要确保其对垂尾装配全过程进行合理规划,根据垂尾结构特点,综合考虑零部件的装配顺序及操作的可达性,以最简单的操作方法和步骤完成垂尾装配,同时保证产品的质量满足设计要求。

遵循小组件→大组件→部件的原则,先进行平尾连接衬套、垫块及方向舵轴承定位及梁装配,再进行骨架装配,最后进行骨架与左右壁板胶接,垂尾装配顺序如图 5 - 41 所示。

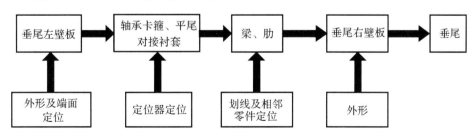

图 5 - 41　垂尾装配顺序

5.8.7　垂尾装配工艺规程设计

在装配方案,工艺装备及装配顺序等确定后,就可以确定装配过程中所需要的工具、刀具、量具以及耗材品种。

工具:风钻或手电钻、电子秤、配胶板、刮胶片。

刀具:ϕ3.1钻头、铲刀。

量具:钢板尺、卡尺、塞尺。

消耗材料:棉纱、酒精、橡胶手套、砂纸等。

按照工艺规程要求的格式,将图样信息、工具信息、技术文件信息,以及装配工作内容写入装配工艺规程中,并按照产品技术要求给出需要检验的内容。

在实际装配工作中验证工艺规程的正确性和可操作性,并不断完善和改进工艺规程。

5.9　无人机平尾装配工艺设计

5.9.1　无人机平尾结构特点

1. 某型无人机平尾结构特点

某型无人机玻璃纤维夹芯复合材料平尾采用双梁式结构。为拆卸方便,通过平尾连接接头与垂尾对接,通过根部两端升降舵连接螺母、升降舵中接头与升降舵连接,为可拆卸连接,运输时将平尾安定面及升降舵作为一个整体进行拆装、运输。

平尾结构主要由上、下壁板,前、后梁,平尾前、后接头,中连接接头、连接螺母、翼肋,测量点衬套、升降舵操纵系统等组成,平尾结构如图5-42和图5-43所示。图5-42为平尾结构主视图,图5-43为平尾典型结构切面。

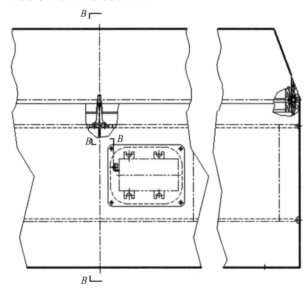

图5-42　平尾结构主视图

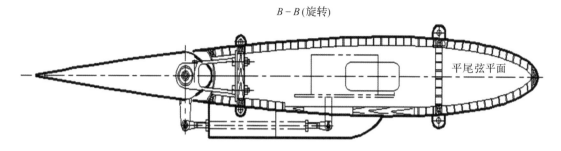

图 5 - 43　平尾典型结构切面

2.平尾零、组件材料及成型方法

平尾上、下壁板及前、后梁为玻璃纤维夹芯结构,壁板上、下蒙皮所用复合材料为厚度 0.10 mm 的 EW100B 玻璃布,夹芯为 3 mm 芳纶纸蜂窝,前、后梁所用材料为木材(5 mm 蜂窝、松木等)。壁板在阴模上铺贴并抽真空压实后经烘箱成型,前、后梁骨架采用数控加工,蜂窝、骨架及玻璃布在平板上铺贴,固化后成型。翼肋为木质材料(松木、桐木等),木质肋采用木工数控铣床铣切成型。接头、角材等为铝合金结构,采用数控加工。

5.9.2　平尾装配方案

对于有外形要求的尾翼部件,多数采用以外形为基准的装配方法。平尾安定面在平尾装配型架上的出架方式为平尾安定面上壁板向下,下壁板向上,去掉压框后从上面取出。

在装配过程中对各接头交点,平尾前、后接头,各翼肋,上、下壁板定位,定位完成后进行骨架装配,采取先装接头与梁、后装肋的顺序,然后在装配型架上将骨架与壁板胶接装配成整体,最后进行平尾的架外工作。

1.梁组件装配

先分别将平尾前、后接头,前、后梁定位,在平尾前、后接头面及上板件内型面安放前、后梁,合适后,用环氧胶胶接各件。

2.骨架装配

平尾骨架为双梁式结构,具有分为前、后 2 段的 7 个翼肋,将前、后梁组件和各翼肋采用螺接及胶接的方式连接成平尾骨架。

3.平尾装配

平尾上、下壁板成型模型面数控加工后刻有壁板外轮廓尺寸线,壁板依据表面印有的尺寸线进行修合,复合材料壁板边缘修合后涂 DG - 3 封边胶进行处理,以防起毛撕裂。平尾上、下壁板以型架卡板定位为主,以画线定位为辅。将平尾骨架与平尾上、下壁板预装配成平尾,由于不能强迫装配,为消除应力,须对骨架装配过程中产生的间隙进行测量,在骨架与壁板连接面处进行补偿,最后用环氧胶将骨架和上、下壁板胶接成平尾。

4.架外工作

装配完成后,将平尾从装配工装中取出,进行平尾对合面处理等后续工作。升降舵装配完成后,就可以进行升降舵安装和操纵系统安装等工作。

5.9.3 装配型架设计与安装

1.装配型架设计

平尾壁板设计为上下对分结构,设计分离面为平尾弦平面,除平尾几何外形需要保证外,各翼肋的理论轴线位置、前后梁对接接头、测量点衬套及升降舵连接螺母、中连接接头等的定位都需要用工装定位器定位夹紧。

无人机中翼为左右对合胶接结构,装配时需要翻转以保证胶接质量,因此,装配工装采用整体框架式翻转结构,型架框架由槽钢焊接加工而成,平尾相对较小,框架上装有翻转手柄,螺接在底座上,型架分模面为平尾左右对合面,即平尾的弦平面。平尾出架方式为型架翻转后从其上方移出。

装配以平尾外形为基准,装配时平尾板件外形采用工装型面定位;平尾前、后接头和升降舵连接螺母,升降舵中连接接头,水平测量点衬套采用交点定位器定位;各肋采用工装卡板和肋轴线定位,连接角片采用梁和肋腹板面定位,各装配件的定位方法如下:

1)平尾上、下壁板:采用模具及卡板内形面定位为主,画线定位为辅。

2)各接头交点:采用工装定位器定位。

3)平尾前、后梁:以定位后的平尾连接接头基准面及板件内型面定位。

4)平尾各肋:由梁腹板面及模具基准面上的肋轴线定位,升降舵连接螺母所在肋由接头定位器定位。

平尾上的其他装配零件,根据实际情况,将定位好的平尾零件作为参考,采用画线或基准面等方法进行定位。

夹紧方式可采用接头定位螺栓,定位销,卡板压紧块,弓形夹辅助夹紧等,定位夹紧完成后,可进行预装配,在产生干涉或需要协调的位置进行装配补偿,并测量平尾壁板与平尾梁、肋间的胶接间隙,满足设计要求后,即可进行装配胶接。平尾板件与骨架胶接时采用模具压框或卡板加压。

2.装配型架安装

为保证出架后平尾与平尾交点的顺利对接并满足无人机批生产时产品一致性及互换性要求,需要采用不同部件间的协调方法,以保证平尾装配模具与平尾装配型架保持互换协调。平尾模具采用钢板焊接框架,数控加工,定位器采用升降舵标准样件装配,平尾合拢模如图5-44所示。

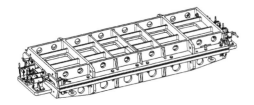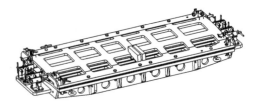

图5-44 平尾合拢模

升降舵安装标准样件具有升降舵转轴、摇臂接头等重要交点的真实尺寸,是方向舵装配模具安装和检测的模拟量实物依据。

5.9.4　容差分配与工艺补偿技术

无人机平尾装配过程比较复杂,涉及的零件较多,需要协调的尺寸较多。制定容差分配及工艺补偿是平尾装配的关键环节。

为保证平尾外形,平尾壁板采用以外形为基准的成型方法,成型模为阴模,制造时取正差,木质翼肋由于与平尾壁板内形配合,数控加工时取负差。平尾装配时,翼肋与平尾壁板的间隙通过测量后铺贴玻璃布进行补偿。

对平尾上其余零组件,为了保证零件间的协调,减少装配工作量,提高装配准确度,在装配前需要进行零件状态控制,需要配钻的孔不制出,被定为零件上作为引孔的连接孔先制出底孔,采用制定交接状态进行协调和补偿。

当梁与平尾连接,前、后接头与梁连接时,按照前、后接头上的螺栓孔向肋配钻连接孔。

5.9.5　互换与协调技术

平尾采用数字量加模拟量相结合的协调方法。平尾主要构件采用数字量传递进行协调,壁板采用数控加工的模具成型,金属零件采用数控加工,为保证零件定位孔与平尾外形的关系,金属零件数控加工时的定位基准须与装配基准统一。零件加工后进行三坐标检测,以保证零件具有较高的协调准确度和外形准确度。平尾转轴依据 CAD 模型制造的安装标准样件进行协调。平尾安定面互换协调系统如图 5-45 所示。

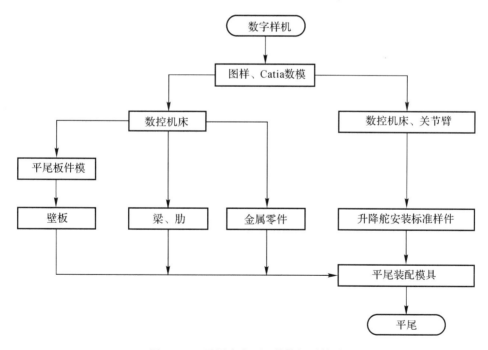

图 5-45　平尾安定面互换协调系统图

为保证平尾部件间的正确对接,制造升降舵标准样件与平尾装配模具时需进行对接协调。升降舵标准样件与平尾装配型架之间的对接协调采取以升降舵标准样件为基准的协调方法,升降舵标准样件采用数字化测量设备(如关节臂)进行安装,平尾装配模具采用平尾对接平板及方向舵标准样件进行安装,这样可以保证3种装配模具的准确性和协调性。

5.9.6 平尾装配顺序

制定平尾装配顺序时,应该对平尾装配全过程进行合理规划,根据平尾结构特点,综合考虑零部件的装配顺序及操作的可达性,以最简单的操作方法和步骤完成平尾装配,同时保证产品的质量满足设计要求。

遵循小组件→大组件→部件的原则,先进行平尾连接衬套、垫块及方向舵轴承定位及梁装配,再进行骨架装配,最后进行骨架与左、右壁板胶接。

5.9.7 平尾装配工艺规程设计

在装配方案、工艺装备及装配顺序等确定后,就可以确定装配过程中所需要的工具、刀具、量具以及耗材品种。

1)工具:风钻或手电钻、电子秤、配胶板、刮胶片。

2)刀具:$\phi3.1$ mm 钻头、铲刀。

3)量具:钢板尺、卡尺、塞尺。

4)消耗材料:棉纱、酒精、橡胶手套、砂纸等。

按照工艺规程要求的格式,将图样信息、工具信息、技术文件信息,以及装配工作内容写入装配工艺规程中,并按照产品技术要求给出需要检验的内容。

在实际装配工作中验证工艺规程的正确性和可操作性,并不断地完善和改进工艺规程。

思 考 题

1.简述部件装配的技术要求及过程。

2.简述无人机装配工艺规程设计的基本原则。

3.简述部件胶接装配间隙测量的必要性及间隙补偿方法。

4.结合机身结构受力形式及功能要求,说明机身典型结构包括哪几种。

5.简述无人机机身装配方案。

6.简述梁式机翼的装配方案。

7.简述某型无人机中翼装配工装设计方案。

8.简述机翼对接接头精加工技术。

9.简述无人机舵面结构特点。

10.简述尾撑钻孔组合夹具结构特点。

11.简述无人机垂、平尾的结构特点。

12.简述某型无人机平尾结构特点及装配方案。

第6章 无人机总装配

内容提示

无人机总装配是部件装配过程的延续,是无人机装配工作的最后阶段。本章主要讲述无人机总装配、无人机总装配任务、总装配阶段工作划分原则及总装配流水线生产的组织形式。

教学要求

(1)熟知无人机装配过程及总装配任务。
(2)掌握无人机总装配任务。
(3)掌握装配工作划分。

内容框架

本章的内容框架如下。

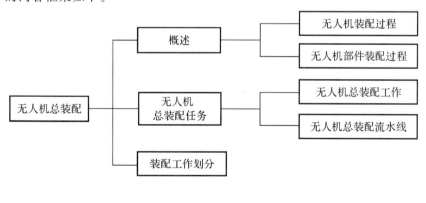

6.1 概 述

6.1.1 无人机装配过程

无人机制造过程可划分为零件精铸或加工、组件装配、部装、对接、总装(系统及设备)安装、重心测量及推力线调整、静态调试和飞行试验几个阶段,如图6-1所示。

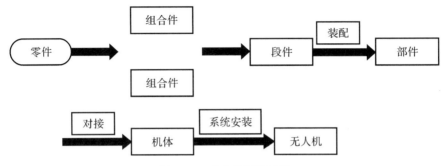

图 6-1 无人机制造过程

系统安装是在装配过程中,或在装配以后进行的安装工作,即将各供应商提供的机载任务设备、航电设备、电缆、动力装置、燃油系统、发射回收系统、操纵系统等安装在无人机上,和各种导管、电缆、连杆等组成系统。

通常无人机制造仅指无人机机体零件制造、部件装配和整机总装。无人机制造厂完成的是无人机机体的制造和各个系统的安装与调试等。

6.1.2 无人机部件装配过程

无人机总装配是部件装配过程的延续,是无人机装配工作的最后阶段。无人机总装配的任务是将无人机各部件对接成整架无人机,在无人机上安装各种设备、装置和系统,进行调整、试验和检验,如图 6-2 所示。

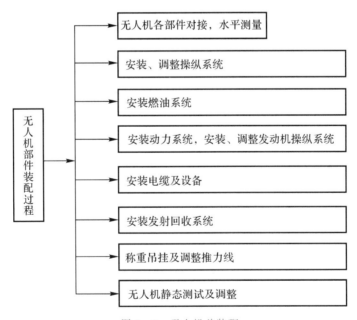

图 6-2 无人机总装配

试验场的工作是无人机总装配过程的延续,试验场的工作任务是将总装配车间送来的无人机进行最后的地面试验和空中飞行检验。

6.2　无人机总装配任务

6.2.1　无人机总装配工作

无人机总装配工作量主要取决于无人机的结构和装配工艺装备,同时也和生产规模和工厂技术水平有关。无人机总装配大致包括以下各项工作:

(1)无人机机体各部件的对接,进行水平测量。

(2)安装调整发动机、安装油箱及燃油和滑油系统、安装调整发动机操纵系统。

(3)液压系统的设备、附件和导管的安装、敷设和试验。

(4)起落架及其收放机构(回收系统)、信号系统的安装、调整和试验。

(5)无人机操纵系统的安装与调整。

(6)电气、无线电、仪表设备与电缆的安装、敷设和试验。

(7)测控设备的安装和试验等。

每一个系统在结构上、技术要求上和工艺方法上差别甚大,这就使得在生产过程中不仅所采用的工艺过程复杂多样,而且必须配置各种不同专业的工人和技术人员。

无人机机体封闭,在有限的机体内安装数量较多的各种设备、装置和系统,这些系统、设备在空间相互交错,难以实现机械化,不利于提高总装配劳动生产率。在总装配工作中有很多调整、试验工作在进行时,又不允许无人机上进行其他工作。

由于上述原因,无人机总装配劳动量一般比较大,一般占无人机制造总劳动量的 8%~20%,总装周期占比更大,可达 25%~40%。此外,无人机总装配占用的生产面积大,要求使用高度和跨度较大的厂房,所以如何减少总装配工作量,有节奏地进行装配工作,是总装配工作中很重要的问题。

6.2.2　无人机总装配流水线

在成批生产中,无人机总装配采用流水生产的组织形式。图 6 - 3 所示为总装配过程示意图。在总装时,基准部件(机身)沿着流水线移动,其他部件则在总装的不同阶段进入装配,各系统、设备、附件等也在各个不同的阶段被安装到无人机上去,进行调整和试验,最后总装出整架无人机。

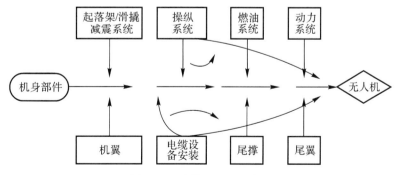

图 6 - 3　总装配过程示意图

在总装配工作中：凡必须在机上安装调试的工作，称作装配站工作；不在机上进行的总装配工作（各种准备及组合工作），称作工作台工作。流水作业的基础就是安装、调试工作的节奏化，所以组织流水生产就是将机体对接及安装、调试等工作划分为许多工序，然后根据无人机结构，将必须在机上工作的若干工序组合成一个任务，这个任务就是某装配站上的工作内容。基于无人机结构的特点，无人机上每一个系统往往不是在一个装配站上完全装上去的，而是分散地在流水线上几个站上陆续装上，可见组织无人机总装配的流水作业是较为复杂的技术工作。

为减少无人机总装配工作量以及缩短无人机总装配周期，应尽可能地把总装配工作安排在部件装配阶段完成，即把每个部件装配成模块（功能较完整的部件），无人机总装配时把这些模块对接起来即可。在编制总装配工作的流水作业时，应尽可能地把总装配工作安排在工作台上完成。

无人机总装配的安装依据是图样和技术条件，但因无人机结构要充分利用机内有限空间，管路、线路及各种附件等的布置很少是设计在同一个平面内的，安装图样难以表达这种空间的复杂关系，故图样往往是原理图或半安装图，因此安装工作往往还要用"样机"作为安装的补充依据。

对于管路中的弯管零件，可以通过样机取得正确的形状和尺寸，作为以后生产弯管零件的依据，协调弯管零件的工艺装备等。

对于电气线路，也可按样机取得正确的长度和安装位置，以此作为制造电缆的依据。

6.3 无人机装配工作划分

无人机制造中，特别是在成批生产中，不能等无人机各部件完全装配、对接以后，才开始安装工作，也不能一个系统一个系统顺序地安装。如果在部件对接以后，逐个系统顺序安装，不仅安装工作周期长，而且因工作条件差，或无法安装，或不易保证安装质量。

有时先安装的系统会妨碍后面的安装工作，后面进行的安装工作，又可能会损坏先前安装好的系统。因此，要根据无人机结构，妥善安排安装工作的先后顺序。

为了减少无人机总装配工作量，缩短无人机总装配周期，应尽可能地把系统安装、调整和试验工作在部件装配阶段完成，在总装车间内应尽可能地把工作安排在工作台上完成。

无人机总装配是无人机装配的最后阶段，工作特点是内容复杂、专业性强、工作面窄、难以排队。因此应尽量减少切削工作，如必须开展，可使用带自动吸屑的风钻，要避免工具或标准件遗落在机体内。安装试验工作完毕后，要检查机内有无多余物。归纳起来，无人机总装配作业有下述特点：

（1）手工操作是无人机总装配作业的基本方法。目前国外仅有个别工厂采用机器人进行机翼和机身对接工作，但自动化、智能化仍是努力的方向。

（2）无人机总装配是无人机高科技、多专业属性的集中反映。总装配涉及的工种多、专业性强，而且专业间接口多、交叉多、综合程度高、技术复杂，要由不同专业的人共同完成系统的安装、调试、检测和联试工作。

（3）协调关系复杂是无人机总装配的技术难点。要解决技术协调问题，在于下决心制造金属的工程样机和功能样机或者采用三维计算机辅助设计。

（4）功能调试是总装配工作的重点。系统功能调试是对系统装配工作质量的总检验。调试的某些差错或疏忽会造成重大的质量事故。

（5）高完整性要求是无人机总装配的基本任务。不能漏装或错装任何一个装配元件，不能漏测、漏检、错检任何一个性能参数，否则就有可能危及系统的使用功能甚至安全。

（6）严格检验、严格操作是确保无人机高质量、高可靠性要求的重要措施，要严格控制多余物。

思 考 题

1.简述无人机装配过程及总装配任务。

2.如何划分无人机装配工作？

3.如何进行无人机装配流水线设计？

第7章 无人机对接装配工艺设计

无人机各部件对接是无人机各部件装配完成后的工艺环节,无人机批生产中,各部件是互换的,其对接比较简单。若对接面是补偿结构,需在对接时进行调整,如垂尾和尾撑、平尾和垂尾。在总装对接时,需采用水平测量的方法进行测量、定位,对尾翼部件对接面进行补偿。对接完后,在部件外形有突变或不连续的位置要进行整流安装。

(1)熟知无人机对接方式。
(2)熟知无人机对接类型。
(3)掌握无人机对接工艺设计。
(4)熟知无人机水平测量。
(5)掌握无人机水平测量方法及步骤。
(6)掌握整流装配工艺设计。

本章的内容框架如下。

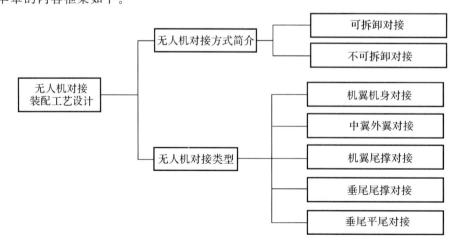

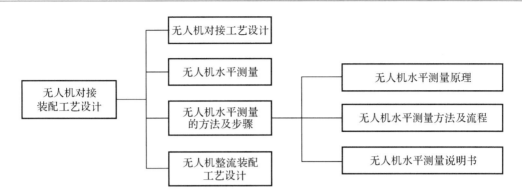

伞降无人机通常采用包装箱运输,要求无人机可以分解成能够快速拆卸及组装的几个部件。生产中为了扩大工艺分离面,缩短制造周期,也需要将无人机划分成不同的部件。因此,无人机有多个分离面,如机身与机翼、中翼与外翼、机翼与尾撑、尾撑垂尾组件与平尾等,不同分离面结构之间的互换与协调就成为无人机制造过程中的重要问题。

不同部件对接完成后,在具有外形开口、设备凸出及对缝的连接部位需要安装整流部件,以保证气动外形光顺。

7.1　无人机对接方式简介

无人机部件间的对接方式按照使用状态的不同分为可拆卸对接和不可拆卸对接。

7.1.1　可拆卸对接

可拆卸对接是指在分解时不造成结构破坏的对接方式,多用于需要反复拆装部件之间的对接。可拆卸对接大部分采用螺栓对接或快卸销轴对接。

无人机部件之间的可拆卸对接有机翼与机身、中翼与中外翼及外翼、机翼与尾撑、垂尾与平尾对接等。这些大部件之间的对接一般采用接头对接、螺栓连接的方式,可以根据需要将各部件快速分解与组装。

7.1.2　不可拆卸对接

不可拆卸对接是指在分解时会造成结构破坏的对接方式,一般用在连接完成后不需要再次拆装的部件之间。在无人机上采用的不可拆卸对接一般为胶接。

无人机部件之间的不可拆卸对接有垂尾和尾撑的对接。在垂尾和尾撑装配对接时,通过水平测量,在垂尾和尾撑的分离面处进行工艺补偿,消除零件加工误差和装配误差,补偿完成后采用环氧胶胶接的方式,将垂尾和尾撑连接成整体。

7.2　无人机对接类型

无人机结构一般分为机身部件、中翼部件、中外翼部件、外翼部件、尾撑部件、垂尾部件、平尾部件及舵面等,根据无人机结构的不同,各部件的形式和数量略有区别。本章主要介绍以下 5 种对接类型。

7.2.1 机翼机身对接

机翼和机身间的对接采用角盒接头对接,螺栓连接的对接方式,机身接头和中翼机身对接接头配合面贴合后用抗拉螺栓、螺母将机翼和机身连接成整体,如图 7-1 所示。水平测量时如机翼的安装角需要调整,可选择在机翼机身对接接头前或后对接面处进行工艺补偿。

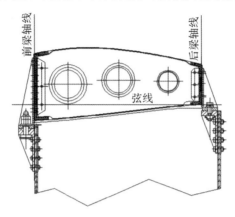

图 7-1 机翼机身对接

为了保证对接精度,采用经过协调的标准工装分别安装机身装配工装、中翼装配工装接头定位器,然后用装配工装定位器定位数控加工的机身接头、中翼机身接头,这样就可以保证机翼和机身的互换与协调。

正确的对接状态是接头配合良好,连接螺栓转动灵活而不松动。这就要求标准工装在配合安装时具有良好的互换与协调性。

7.2.2 中翼外翼对接

机翼对接就是将中翼和外翼对接成整体。中翼和外翼之间的对接采用耳片接头对接,螺栓连接的对接方式,中翼和外翼耳片接头根据受力要求,可以有单剪结构、双剪结构等不同形式,接头连接螺栓以受剪为主,如图 7-2 所示。由于机翼各部件,如中翼、外翼等各段对接接头在装配时已进行过精加工,已消除了装配应力及装配变形,所以在对接装配时一般无需进行工艺补偿。

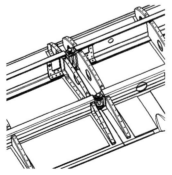

图 7-2 机翼对接示意图

机翼对接时各部件之间须通过标准工装进行协调,采用经过协调的标准工装分别安装机翼装配工装,经过机翼装配工装安装后的机翼各段对接接头经精加工后,就能够保证机翼各段的互换协调。

7.2.3　机翼尾撑对接

机翼尾撑对接一般采用数控加工的具有配合精度的对接头,辅以连接螺栓进行紧固。在机翼上的尾撑对接接头用机翼装配工装定位器定位,保证装配位置正确,对接时直接将尾撑接头与机翼上的接头对接,用螺栓连接,如图 7-3 所示。

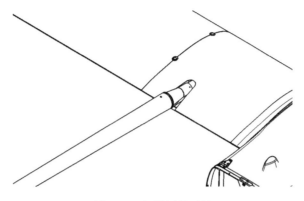

图 7-3　机翼尾撑对接

7.2.4　垂尾尾撑对接

垂尾尾撑对接属于不可拆卸连接,水平测量时,在分离面上进行工艺补偿,以消除尾撑与机翼的装配误差、装配变形及尾撑零件的制造误差。在无人机对接或测量工装上进行对接,也可用水平测量法保证对接准确度,调整合适后用环氧胶将垂尾和尾撑胶接成整体,过程如图 7-4 所示。

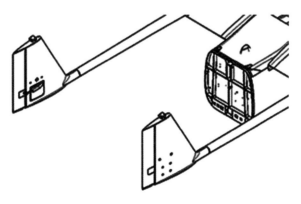

图 7-4　垂尾尾撑对接

7.2.5　垂尾平尾对接

垂尾平尾对接同样在对接工装或水平测量型架上进行,通过水平测量法调整垂尾尾撑组件与平尾组件的安装位置,在垂尾与平尾分离面上再次进行补偿,消除各部件装配积累的误差,由平尾接头向垂尾上配钻连接孔、制沉孔等,制孔完成后在垂尾内胶接接头衬套,用连接螺栓、螺母将平尾与垂尾连接成整体,如图 7-5 所示。也可将垂、平尾对接接头在装配时采用装配工装定位器进行定位,各部件装配完成后,直接进行对接。此时为消除无人机各部件的装配误差,将工艺补偿放在垂尾与尾撑的对接面处进行。

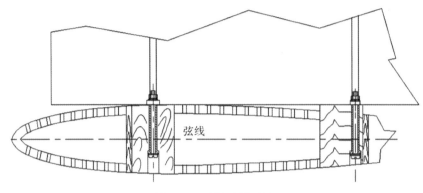

弦线

图 7-5 垂尾平尾对接

7.3 无人机对接工艺设计

进行无人机对接工艺规程设计前,要先了解各部件的对接结构、对接方法、互换协调原则、对接应注意的事项、对接时机、对接的可操作性等。

无人机对接最重要的是确定对接协调路线,良好的协调路线可以有效保证装配准确度。如果不能对接或对接未达到要求,应先检查协调路线是否正确,再考虑是否有装配误差、加工误差、装配变形等情况。

对接工艺规程设计中应体现对接实施的时机、对接操作的顺序、对接是否容易实现以及对接时使用的工装、工具及仪器等。

无人机全机对接完成后,一般采用水平测量,在水平测量工装上检测各部件的空间位置装配准确度,机翼安装角、上反角、垂尾倾斜角、平尾安装角,各部件对称度等,全机水平测量如图 7-6 所示。

图 7-6 全机水平测量

以无人机中翼、中外翼及外翼对接为例,主要说明无人机对接的技术要求、操作方法、步骤及对接过程。

1.准备工作

在熟悉对接图样及技术要求的基础上进行准备工作,准备对接所用的螺丝刀、扳手及弯柄销等。

按图样准备连接件,核对牌号、规格。

除去连接件油污并清洗干净,检查外观有无机械损伤和锈蚀。

在标准件上涂润滑油。

2.对接方法及注意事项

机翼对接结构特点为,机翼由中翼、中外翼、外翼共 5 段组成,展弦比 14.19。机翼结构为双梁式结构,由金属接头、先进复合材料梁、金属肋、玻璃钢蜂窝板件(含碳纤维布)等组成。

机身与机翼采用角盒垂直螺栓连接;中翼与中外翼采用可拆卸式螺栓连接,如图 7-7 所示;中外翼与外翼采用可拆卸式螺栓连接。

中翼与中外翼对接精度分别为:前、后梁接头孔精度为 H8,前、后接头螺栓精度为 f7。对接精度要求较高。

中外翼与外翼对接孔精度为 H8,连接螺栓的精度为 f7,对接精度要求较高。

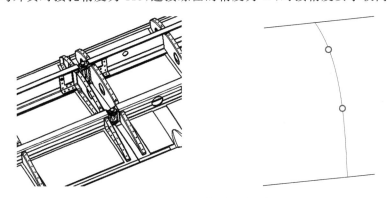

图 7-7 中翼与中外翼对接示意图
(a)对接剖视; (b)对接后

3.中翼、中外翼对接步骤

清理中翼、中外翼接头孔及螺栓表面,在螺栓上涂抹润滑油;定位中翼,将中翼与机身对接,或将中翼定位、固定在中翼托架上。

对接中外翼与中翼,可先左后右,顺序为:后梁上接头→后梁下接头→前梁下接头→前梁上接头,分别推入对应的螺栓,用螺母、弹垫、垫圈固定。

4.对接注意事项

对接时,螺栓应沿孔的轴线推入,螺栓螺纹部分不得划伤孔壁。安装时,1 人安装螺栓,另 2 个人定位并调整中外翼的姿态,若中翼接头与中外翼接头对接孔出现台阶,则通过调整中外翼的姿态来消除台阶,或者通过使用弯柄销来实现辅助对中。禁止用榔头或者其他坚硬重物直接敲击螺栓,以免损伤螺纹、螺栓孔表面及前后梁胶接结构。选择适当的扳手或螺刀,扳手的活动间隙不得大于 0.3 mm。

螺栓上紧时,不应转动螺栓,只拧紧螺帽。根据螺栓分布情况,按一定顺序(对称或间隔)逐次拧紧螺母,以连接牢靠为准,不得强行拧紧,弹簧垫圈压平即可。

对接完成后,按要求检查螺栓连接质量。

7.4 无人机水平测量

无人机各部件装配完成后,即被送到总装配车间进行对接。

现代飞机制造一般采用模块式对接技术,即把机身和机翼各段作为模块放置在可调的对接车上,将激光作为基准,以完成飞机的对接工作。

在无人机成批生产中,各部件是互换的,对接比较简单。若对接面是补偿结构,则需在对接时进行调整,如垂尾和尾撑、平尾和垂尾。在总装对接时,需采用水平测量的方法进行测量、定位,对尾翼部件对接面进行补偿,工作量较大。

无人机制造一般采用水平测量的方法来测量和调整各部件的相对位置。水平测量是根据飞机装配准确度要求,通过规定的水平测量点,对飞机各部件与机身位置关系,各部件之间的相对位置关系以及各部件自身位置状态进行测量和调整的工序。

当部件装配时,按水平测量图样和技术条件,在各部件表面规定的位置,按装配型架上专用定位器制出水平测量点,如冲点标记、胶接水平测量凸头衬套等。水平测量点实际上是将无人机理论轴线转移到部件表面的测量依据。因此,在测量过程中,只要检查这些点的相对位置数值,就可以确定部件间的相对位置是否符合技术要求。

无人机部件间相对位置准确度是部件准确度的要求之一,机翼、尾翼相对于机身的位置准确度参数是上反角或下反角、安装角和倾斜角(垂尾)等。一般将其允差值换算成线性尺寸,在无人机水平测量时进行测量、比对。

无人机水平测量是在无人机各部件对接装配完成后,通过专用工艺装备,使无人机处于水平状态下,对各部件的相对位置进行测量的过程。

无人机水平测量中相应部件的测量项目内容和部件水平测量中的测量项目内容相同,但同一部件,在全机水平测量时测量的测量点比部件水平测量时的测量点少。如某型无人机左右中外翼和左右外翼,在全机水平测量时,分别测量前后两个测量点,而部件水平测量时,则分别测量 4 个测量点,这主要是因为测量基准发生了变化。

7.5 无人机水平测量的方法和步骤

7.5.1 无人机水平测量原理

无人机各部件位置准确度检查是无人机各部件对接总装后的主要工作,也是无人机维修工作的重要内容。一般采用水平仪、经纬仪对无人机各部件的安装位置及对称性进行检查。

无人机水平测量原理是,在无人机外表面制作水平测量点,实际上是将无人机理论轴线转移到部件表面,以此悬挂测量标尺或钢尺,通过水平仪或经纬仪的十字基准线所对齐的标尺或钢尺刻度线,记录其数据,计算相关点的高度差,从而确定无人机各部件的安装准确度是否符合水平测量技术要求。

7.5.2　水平测量方法及流程

用常规光学仪器进行水平测量的方法及流程如图 7-8 所示。

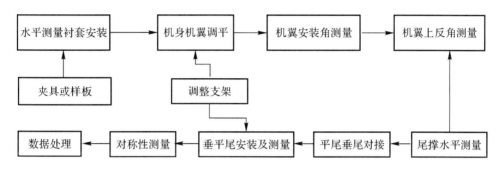

图 7-8　用常规光学仪器进行水平测量的方法及流程

(1)按无人机水平测量图样和技术条件,编制水平测量工序内容、水平测量数据记录表、水平测量计算表等。

(2)在部件装配过程中或完成后,制作水平测量点,水平测量点的制作在部件装配完成下架前按装配模具上水平测量点的定位器定位孔钻孔,胶接水平测量衬套,或按定位器定位孔冲点做标记。

各部件在总装车间内进行对接,对接是把构成无人机基本结构的各部件连接在一起,形成整个机身、机翼及整个无人机。部件对接工作视各种机型的具体结构和任务分工而不同,可以作为部件装配工作的继续,也可以作为总装配工作的一项重要内容。

根据不同机型的具体结构和进入对接的状态,部件的对接工作可以在专用工装(如对合台、对接型架等)上进行。如垂尾和尾撑、平尾和垂尾的对接需在专用调整支架上进行。为保证部件或段件在对接时处于正确的位置,必须选择合适的定位基准及定位方法。

无人机常用的对接定位基准:①水平测量点;②对接面(含孔)或接头连接孔及定位导销孔;③部件的外形。

无人机常用的定位方法:①直接利用分离面上的高精度孔和连接孔用导销定位;②水平测量法,通过水平测量点将基准部件调平,通过测量将待对接的部件调整到正确位置后,与基准部件制孔、连接。

在调整架上按三点支撑安放整个无人机,调整架能牢固、稳定地将无人机支撑和固定,并可以按要求调整机体的高度和使机体左右移动。若需在水平测量时安装水平尾翼、垂直尾翼,则需配备水平尾翼调整架、垂直尾翼调整架。

大型无人机还可以采用激光跟踪仪进行数字化测量,小型无人机可采用水平仪、经纬仪、钢板尺及卷尺等,调中机身、调平机翼,直到无人机处于水平状态,在无人机调平的基础上进行全机水平测量,对无人机上全部水平测量点,按部位顺序逐点、逐项进行测量,并记录好各测量点的标尺读数;按测量的标尺读数,整理出各部件相对位置的几何参数的实测值。然后进行安装角、对称性等测量,同时记录数据、计算并给出结论。

7.5.3 无人机水平测量说明书

无人机水平测量说明书主要说明固定翼无人机(简称飞机)水平测量的基本要求、测量步骤和测量报告要求,所述内容适用于使用水平仪、经纬仪对中小型固定翼无人机进行水平测量,其他无人机水平测量可参照使用。

1. 水平测量(Level measurement)

根据飞机装配准确度要求,通过规定的水平测量点,对飞机各部件与机身位置关系、各部件之间的相对位置关系以及各部件自身位置状态进行测量。

2. 一般要求

(1)测量人员。水平测量的操作人员和检验人员应通过水平测量所使用的测量设备、工装及测量方法的培训,具备相应的能力。

(2)测量设备。测量设备应在有效期内,满足以下要求:

水平仪的精度应不低于 HB/Z 103 中的 DS3 级(每千米往返测高程误差不超过 ± 3 mm),经纬仪的精度应不低于 HB/Z 103 中的 DJ6 级(水平方向误差不超过 $\pm 6''$),钢直尺全长的误差不超过 ± 0.5 mm,钢卷尺全长的误差不超过 ± 1 mm。

(3)专用工装。水平测量一般需配备专用工装进行测量,专用工装应满足以下要求:应能牢固、稳定地将飞机支撑和固定,并按要求可以对机体的俯仰、倾斜等姿态进行调整;若需在水平测量时安装尾翼,专用工装应具有尾翼调整功能。

(4)机体状态。飞机水平测量时,机体状态应满足以下要求:飞机按水平测量图规定的三点支撑,并要调整到水平状态;飞机处于特定状态,如空机状态、无燃油、不带装载状态等;飞机全部机体结构需按飞机安装图规定的技术状态安装到位;飞机操纵面处于中立位置,支撑的专用工装不应妨碍活动部件灵活转动;飞机起落架处于放下锁紧状态,机轮要离地,应盖上各种口盖;在进行水平测量时,严禁在飞机上进行其他工作。

(5)技术资料。按飞机水平测量图样和水平测量技术规范,编制水平测量记录表。

(6)水平测量点标识。按飞机水平测量图标识水平测量点,必要时可安装测量衬套,无法安装测量衬套时,可按反样板确定测量点的位置,并进行标记。

(7)环境。飞机水平测量时,环境应满足以下要求:水平测量一般应在室内进行,以规避引起测量尺晃动的因素;当受条件限制或因需要在室外进行测量时,需避免大风的影响,风力需小于 2 级,机头迎着风向;测量场地要坚硬平整,不应出现对水平测量有影响的沉陷;在水平测量开始前 1 h 至测量结束,机体应避免阳光的直接照射。

(8)安全与防护。水平测量时,应注意避免碰伤人员、飞机;确保飞机处于断电或发动机锁定状态,以防止误触发、误操作;登高作业时,应采取安全保护措施,防止人员、设备与工具坠落。

3. 测量过程

(1)机体。飞机各部件按要求安装完毕,满足机体状态要求后,安放在专用工装上。目测机体调整至接近纵向和横向水平位置。

（2）测量设备。在水平仪放置的位置，应能看到被测量飞机的各测量部位所悬挂的测量尺，一般放在飞机的前侧方（右侧或左侧）。调整水平仪处于水平状态。

经纬仪放置的位置，从目镜上看，应使其十字线对准机体的对称轴线（或距对称轴线一定的相同距离处）。调整经纬仪处于水平状态。

（3）机身调平。将测量尺悬挂在机身前、后的水平测量点上，用水平仪测量前、后测量点上测量尺的数值，调整专用工装上的调节装置，使其误差符合设计要求，保证机身纵向水平。

将测量尺悬挂在机身左、右的水平测量点上，用水平仪测量钢直尺的数值，调整专用工装上的调节装置，使机身横向水平。左、右测量点的误差，应符合设计要求。

（4）机身调中。观察经纬仪目镜，机身的对称轴线应与经纬仪的十字丝的垂直线重合，如不重合，调整专用工装上调节装置，使机体左右移动，直至对称轴线与十字丝的垂线重合。

（5）机翼（平尾）安装角测量。在机翼（平尾）前、后缘测量点上悬挂测量尺，用水平仪读前后缘的测量尺的读数 H_1、H_2（见图 7 - 9），按下式计算安装角：

$$\alpha = \arcsin \frac{H_1 - H_2}{L} \qquad (7-1)$$

式中：　　L —— 机翼（平尾）的弦长（在测量点处的设计值）；

　　H_1，H_2 —— 机翼（平尾）前、后缘测量尺的读数。

为确保读数的准确性，测量时可读数 3 次，小数点后保留 1 位，计算时取平均值。

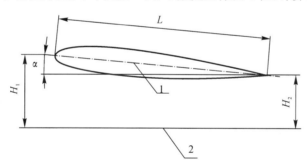

图 7 - 9　机翼（平尾）安装角
1—弦平面；　2—水准仪扫描平面

（6）机翼上反角测量。在机翼的根部和尖部（由机翼水平测量图规定）测量点上悬挂测量尺，用水平仪读取机翼的根部和尖部的测量尺的读数 H_3、H_4（见图 7 - 10），按下式计算上反角：

$$\beta = \arcsin \frac{H_3 - H_4}{L_1} \qquad (7-2)$$

式中：　　L_1 —— 机翼的根部和尖部测量点的展长尺寸（在测量点处的设计值）；

　　H_3，H_4 —— 机翼前、后缘测量尺的读数。

机翼带安装角时，应考虑其对机翼上反角的影响。

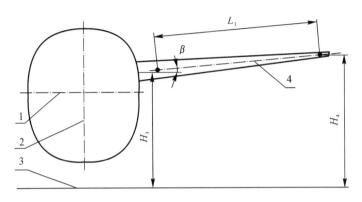

图 7-10　机翼上反角

1—水平基准线；　2—对称轴线；　3—水平仪扫描平面；　4—弦平面

（7）垂直尾翼倾斜角、安装角测量。单垂尾倾斜角的测量见图 7-11，以测量点 1 和 2 为基准，用钢直尺水平放置依次测量。

用经纬仪读取测量尺的数据，按下式计算。

垂尾倾斜角：

$$\gamma = \arcsin \frac{B_1 - B_2}{L_2} \tag{7-3}$$

式中：　L_2——垂尾无倾斜时两测量点的垂直距离（在测量点处的设计值）；

　　　　B_1, B_2——垂尾前缘上、下测量尺的读数。

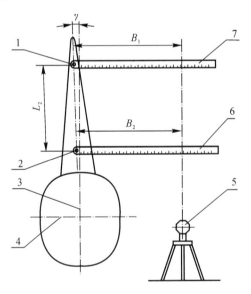

图 7-11　单垂尾倾斜角测量

1—测量点 1；　2—测量点 2；　3—水平仪扫描平面（对称轴线）；　4—水平基准线；

5—经纬仪；　6—下测量尺；　7—上测量尺

双垂尾倾斜角的测量见图 7-12，以测量点 3、4、7 和 8 为基准，用钢直尺水平放置依次测量。用经纬仪读取测量尺的数据,双垂尾倾斜角计算公式见式(7-3)。

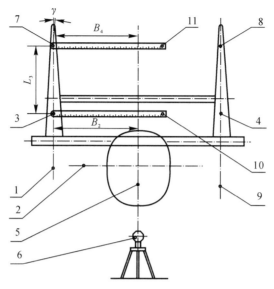

图 7-12　双垂尾倾斜角测量

1—右垂尾前缘线;　2—水平基准线;　3—测量点 3;　4—测量点 4;　5—水平仪扫描平面(对称轴线);
6—经纬仪;　7—测量点 7;　8—测量点 8;　9—左垂尾前缘线;　10—下测量尺;　11—上测量尺

单垂尾的测量见图 7-9 或图 7-11;垂尾安装角计算公式见下式:

$$\alpha = \arcsin \frac{B_3 - B_4}{L_3} \qquad (7-4)$$

式中:　　L_3——垂尾测量部位(根部或尖部)的弦长(在测量点处的设计值);

　　　　B_3,B_4——垂尾前、后缘测量点的读数。

双垂尾的测量(见图 7-12),3~10 为测量点,垂尾安装角计算公式见下式:

$$\alpha = \arcsin \frac{B_3 - B_4}{L_3} \qquad (7-5)$$

式中:　　L_3——垂尾部位(根部或尖部)的弦长(在测量点处的设计值);

　　　　B_3,B_4——垂尾前、后缘测量点的读数。

图 7-13 所示为单垂尾安装角,图 7-14 所示为双垂尾安装角。

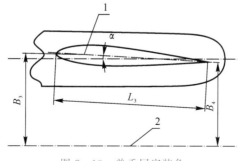

图 7-13　单垂尾安装角

1—垂尾弦线;　2—经纬仪扫描面

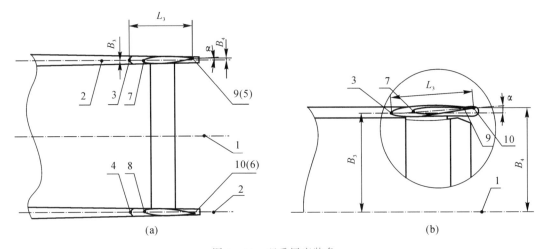

图 7-14 双垂尾安装角

1—对称轴线（经纬仪扫描垂直面）； 2—垂尾弦线； 3—测量点 3； 4—测量点 4；

7—测量点 7； 8—测量点 8； 9(5)—测量点 9(5)； 10(6)—测量点 10(6)

(8)机翼对称性测量。按设计水平测量图样规定,采用直接拉线法从机身的测量点用卷尺量至机翼指定的测量点,测量各部件对称性。公差要求按各部件对称性水平测量公差要求执行。

(9)尾翼对称性测量。按设计水平测量图样规定,采用直接拉线法从规定的部件测量点测量至尾翼(平尾和垂尾)的测量点。公差要求按各部件对称性水平测量公差要求执行。

(10)机身扭转、起落架等水平测量。机身扭转、起落架等水平测量由研制单位按照《飞机水平测量公差》(HB/Z 103—2023)规定。

(11)数据读取。为保证测量报告中测量数据准确,水平测量时各测量点可读数 3 次,保留小数点后 1 位,计算时取平均值。

(12)数据记录。从机身、机翼调平开始至机身扭转、起落架等水平测量为止,在相应记录表上如实记录测量数据。

(13)测量报告。按水平测量图样及技术规范设计测试报告的格式,测试报告一般应包含飞机编号、测量项目、测量部位、测量数据、结论、检测人员和主管人员确认等内容。

整理水平测量结果,形成水平测量报告后归档。

7.6 无人机整流装配工艺设计

无人机对接水平测量完成后,在部件外形有突变或不连续的位置要进行整流,即安装整流罩。无人机上的整流罩主要有翼身整流罩、机翼尾撑整流罩、垂平尾整流罩、天线整流罩、发动机整流罩等,如图 7-15～图 7-16 所示。

整流罩一般受力很小,采用玻璃纤维或碳纤维材料在成型模上铺贴成型,主要作用是使气流更加光顺,因此,整流罩的装配要求是伏帖、平整及光顺,在装配时根据部件外形光顺过渡。

在部件对接完成后,将整流罩放置到部件对接处,根据安装位置实际外形修配整流罩外形,修配完成后采用螺钉连接或胶接。例如:发动机整流罩需要经常拆卸,采用螺钉、托板螺母或螺母连接;垂平尾整流罩不需要拆卸,采用胶接连接。

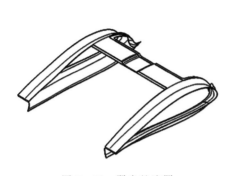 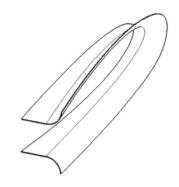

图 7 - 15　翼身整流罩　　　　　　　　　图 7 - 16　垂平尾整流罩

 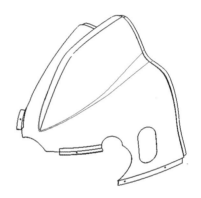

图 7 - 17　进风口整流罩　　　　　　　　图 7 - 18　发动机整流罩

无人机整流罩由于本身结构强度较小,受到外力时容易产生变形,因此,在装配整流罩时不允许强迫装配,应按照整流罩形状自然过渡,外形不协调时可以进行锉修。

思 考 题

1.根据本章内容,简述无人机各主要部件(机身、机翼、尾撑、垂尾、平尾)的对接协调路线。

2.什么是水平测量?

3.试述水平测量的工作原理及过程。

4.试述无人机水平测量时,对测量设备、专用工装、测量环境、机体状态、测量人员等控制的基本要求。

5.阐述无人机水平测量时的准备工作内容、水平测量方法、对称性测量方法。

6.简述整流装配应注意的事项。

第8章 无人机系统装配工艺设计

内容提示

无人机各部件对接完成后,即可进行各系统的安装。本章主要讲述无人机各系统,如操纵系统、燃油系统、动力系统、发射回收系统及设备等的安装。各系统可分专业交叉和并行工作,以提高装配效率。

教学要求

(1)掌握无人机操纵系统装配工艺设计。
(2)掌握无人机燃油系统装配工艺设计。
(3)掌握无人机动力系统装配工艺设计。
(4)掌握无人机设备安装工艺设计。
(5)掌握发射回收系统工艺设计。

内容框架

本章的内容框架如下。

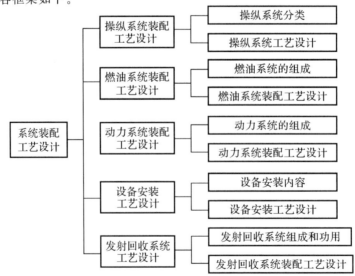

无人机系统由"天、地、通、载"四部分组成:"天"指的是飞机平台系统,包括操纵系统、燃油系统、动力系统、飞控系统、导航系统、电气系统、通信系统、发射回收系统、通信系统及机体结构等;"地"指的地面控制站,发射车和运输保障车等;"通"指的是通信链路,如机载数据终端等;"载"指的是有效载荷,包括各种任务设备,如雷达、(摄)相机及光电转台等。无人机系统组成如图 8-1 所示。

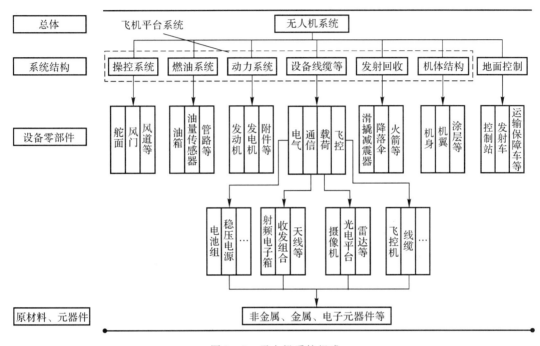

图 8-1　无人机系统组成

8.1　无人机操纵系统装配工艺设计

无人机操纵系统是指从舵机摇臂到升降舵、副翼、方向舵等操纵面,用来传递飞控系统操纵指令,改变无人机飞行状态的整个系统,使无人机具有可操纵性。无人机操纵系统控制原理如图 8-2 所示。无人机操纵为硬式操纵,操纵敏捷,生存力强。无人机的操纵系统是由舵机、拉杆、摇臂等组成的自动控制装置,因此,通常把它称为飞行控制系统。操纵系统是无人机的重要组成部分,其工作性能直接影响无人机的飞行性能和安全性。

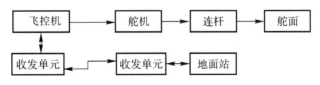

图 8-2　无人机操纵系统控制原理

8.1.1　无人机操纵系统简介

无人机操纵系统按照操纵信号来源的不同,可分为人工飞行操纵系统(由地面操纵人员发出)和自动飞行操纵系统(由无人机操纵系统本身产生)。

人工飞行操纵系统又分为主操纵系统(升降舵、副翼、方向舵等)和辅助操纵系统(襟翼、减速板等)。自动飞行操纵系统由自动驾驶仪、自动增稳器、发动机油门自动控制系统等组成。

无人机飞行姿态的改变是靠偏转升降舵、方向舵和副翼等操纵面来实现的。同时,在飞行过程中为了改变发动机的工作特性,还需要风门操纵系统(调整发动机进气量)和风道门操纵系统(调整发动机冷却风量)。

用来操纵上述活动的一套机构叫无人机操纵系统,无人机装配涉及的操纵系统主要为操纵面和操纵机构。

8.1.2 无人机操纵系统分类

通常所接触的无人机操纵系统可以分为五大类:副翼操纵系统、升降舵操纵系统、方向舵操纵系统、风门操纵系统和进风口(风道)操纵系统。

副翼、方向及风门操纵系统如图 8-3 所示,进风口(风道)操纵系统如图 8-4 所示。

图 8-3　副翼、方向及风门操纵系统

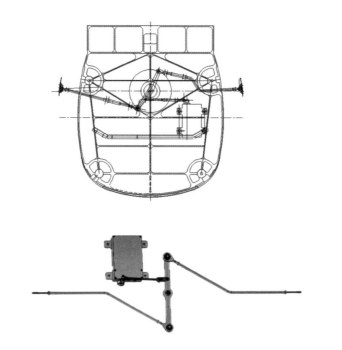

图 8-4　进风口操纵系统

操纵系统的执行机构主要包括电动舵机、操纵连杆、操纵面。无人机操纵系统在得到操纵信号后,由电动舵机带动操纵连杆和操纵面运动。

8.1.3　无人机操纵系统工艺设计

操纵系统在所有转动或滑动的地方都要求摩擦最小,以保证操纵的轻便灵活。另外,对接头间隙和系统的弹性变形也要加以控制。

操纵系统安装要保证运动件和结构之间有足够间隙,连杆不应紧涩,不能与结构干涉;在极限位置时,摇臂和连杆之间应当有允许的间隙。操纵系统可以用连杆端头安装的带螺纹的端接头调整长度,其调整范围不应超出极限尺寸。

下面结合实例(见图 8-4)进行操纵系统装配工艺规程设计,其装配过程可分为以下步骤:

1)装配顺序:按照图样,将舵机安装到固定座上,将摇臂座安装在承力框板上,将转轴组合安装在摇臂座上,然后将各操纵连杆依次与转轴组合摇臂相连接,最后将主动连杆一端与舵机相连接,从动连杆一端与操纵面相连。

2)连接方法:在转动部位的连接处多采用开孔销连接。

3)调整:按照运动理论并结合实际情况,调整操纵连杆长度,保证操纵面的运动满足设计给定的角度或线性要求。

4)防松:对调整完成的操纵连杆进行防松处理,开孔销连接处采用开口销防松,连杆组合上的并紧螺母处涂硅酮密封胶防松,防止运动过程中出现拉脱、松动等现象。

无人机其他操纵系统的装配过程基本类似,操纵系统的装配一般在无人机出场前完成,操纵系统的调整和防松过程在无人机整体通电调试时进行,在全机加电之后将操纵面起始位置与无人机系统的操作指令起始位置调整一致,然后进行防松处理,这样就可以保证操纵面完全按照指令要求运动。

8.2　无人机燃油系统装配工艺设计

燃油系统的功用是贮存无人机所用的燃油,并保证在无人机战术技术要求规定的所有飞行状态和工作条件下,向发动机连续、可靠地供油。

8.2.1　燃油系统的组成

无人机燃油系统一般由油箱、供油管路、排气管路、回油管路及油量传感器等组成,如图8-5所示。

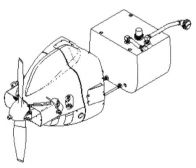

图 8-5　燃油系统

燃油系统管路分为通气管、排气管、回油管、箱内油管、出油管、连接管、加油管等。

燃油箱通常有3种类型:整体油箱(机翼或机身)、软油箱和独立油箱等,不同的无人机可以有不同的选择。

软油箱制作简单、安装方便,对结构没有密封性要求,在中小型无人机中使用较为广泛。安装软油箱时应避免划伤、刺穿等伤害,因此在安装软油箱之前要对软油箱安装舱进行处理,清理多余物,处理尖角和毛刺,对螺钉头、铆钉头等凸起部位进行防护,如粘贴毛毡处理,在油箱舱贴绒布以保护油箱。

供油输油管路用于向发动机输送燃油或多个油箱之间的供油,通气管路用于保证油箱内压力与外界平衡,加油管路用于向油箱内压力加油或重力加油,油量传感器用于指示油箱内的燃油量,为合理安排续航时间提供依据。

8.2.2 燃油系统装配工艺设计原理

下面以某型号无人机燃油系统为例,进行燃油系统装配工艺设计,如图8-6所示。

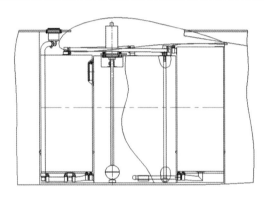

图8-6 某型无人机燃油系统示意图

图8-6中燃油系统由3个软油箱组成,供油输油管路、通气管路、加油管路全部为耐油橡胶软管。油量传感器采用浮球感应式,根据感应浮球在油箱内的漂浮高度确定油面高度。

装配燃油系统时,先进行燃油箱安装舱的清理和防护,一般在机舱内壁贴绒布进行保护。然后在机身上安装加油口组件,在主油箱内安装油量传感器,保证浮球运动灵活。

接下来将主油箱、副油箱放入各自的机舱内,按照设计要求用输油软管、通气软管连通各燃油箱,用加油软管将加油口组件与燃油箱连接。各组件长度仅供参考,实际尺寸在装配中按需截取,最后用卡箍将管路连接部位卡紧,防止泄漏。所有连接过程应保证不损伤软油箱、油管、气管,同时要保证连接气密性。

燃油系统装配完成,并将发动机供油管路与无人机动力系统连接后,应进行加油试验,以确保油箱能容纳的燃油质量可以满足设计要求,燃油系统无泄漏现象。加油试验时必须要注意安全,防止发生火灾。

燃油系统装配的基本步骤大体相同,随着无人机结构、发动机工作状况、技术指标要求的不同而有所差异。较大型的无人机也有采用整体油箱和独立油箱的情况,气密性是所有燃油系统装配都要考虑的问题。

8.3　无人机动力系统装配工艺设计

无人机动力系统一般由发动机、发电机和螺旋桨组成。发动机一方面为螺旋桨连续不断地提供动力,使其产生拉力(螺旋桨前置安装)或推力(螺旋桨后置安装),使飞机起飞及飞行,是飞机的心脏;另一方面带动发电机发电为无人机电网提供电力。

航空活塞式及转子式发动机具有体积小、质量轻、升功率高、结构及操作简单、维护方便、生产周期短、成本低等特点,在小型航空发动机中占有非常重要的地位。目前,现役的很多军民用中小型侦察机、靶机等无人机多采用活塞式或转子式发动机这一传统的动力装置。

8.3.1　无人机动力系统的组成

无人机动力系统是无人机发动机以及保证无人机发动机正常工作所必需的系统和附件的总称。其组成取决于所用发动机的类型,主要由以下的系统或装置组成:发动机及其起动、操纵系统,发动机固定装置、无人机油路组件,无人机滑油系统,发动机散热装置,进气和排气装置等。无人机发动机附件包括缸温传感器、停车转接电缆、油泵转接电缆、风门调节器等。无人机动力系统如图 8-7 所示。

(1)发动机及其起动、操纵系统:发动机将燃油的化学能转换为机械能,然后带动螺旋桨加速外界空气产生推力或拉力。起动系统的主要作用就是将发动机加速到能工作的转速。无人机起动方式主要为电动起动。

(2)发动机固定装置:用于将发动机固定在无人机机体上,一般为发动机安装架(见图 8-8)或发动机安装框等。

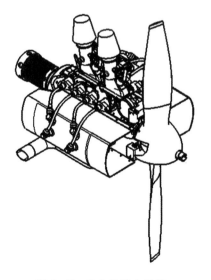

图 8-7　无人机动力系统

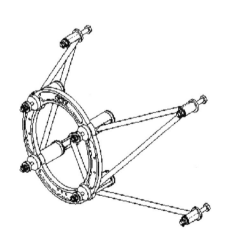

图 8-8　发动机安装架

(3)无人机油路组件:用于将燃油系统存贮的燃油供给发动机的油泵,保证发动机正常工作,如图 8-9 所示。

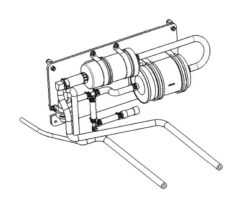

图 8 - 9　无人机油路组件

（4）无人机滑油系统：活塞式发动机和转子式发动机减速器有许多转动机件，需要较多滑油用于散热和润滑。无人机滑油系统的功用是向发动机供给适量的滑油。滑油系统一般由滑油箱、导管及滑油泵组成。活塞式发动机传动机件简单，所需滑油数量和吸热量不大，发动机内部的少量滑油利用燃油散热已能满足要求，不需要在无人机上另设外滑油系统，可将滑油与汽油按一定比例混合后加入油箱。转子发动机则需要安装外滑油系统。

（5）发动机散热装置：活塞式发动机气缸需要散热，气冷式发动机直接利用飞行时迎面气流进行冷却。为了减小冷却空气流量，降低阻力，在汽缸后面加有挡流板，整个发动机加整流罩。在整流罩的进口或出口设置风门，根据散热需要调节冷却空气的流量。

（6）进气和排气装置：包括进气道、排气管和排气管。

8.3.2　动力系统装配工艺设计原理

无人机动力系统装配是无人机系统安装中的重要环节之一，要求高，系统较为复杂，涉及专业面广，如机械、电气及控制等。某型无人机活塞发动机动力系统装配示意图如图8 - 10所示，动力系统安装要求如下：

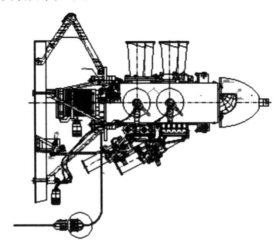

图 8 - 10　无人机动力系统装配示意图

(1)发电机安装:确定发电机型号,发电机输出线要求捆扎,联轴器要求涂润滑脂等。

(2)螺旋桨、桨帽安装:螺旋桨与整流罩缝隙要求满足一定间隙,如 3～4 mm,螺旋桨旋转平面误差要满足一定数值,如不大于 2 mm,以免发动机工作期间,其振动造成干涉现象,引起安全事故。

(3)发动机安装:主要强调发动机安装连接可靠性,连接螺母安装力矩应满足要求。

(4)油路连接:其关键是连接走向要满足要求,油管要捆扎到位。

(5)停车控制:停车转接电缆连接正确,转接处螺母应满足安装力矩要求。

(6)缸温传感器安装:在导风罩上开缸温传感器安装缺口,缸温传感器安装后与散热片应无干涉,传感器号与缸号要对应。

(7)节风门调整:大马力时节风门片应与腔内限位销无干涉。装上拉簧后,连杆运动应自如。

(8)电动油泵转接电缆:电动油泵转接电缆领用正确,导线耳片装向和极性正确,电动油泵转接电缆安装捆扎可靠。

无人机动力系统装配工艺主要考虑各组、部件装配顺序,导线及油管安装方向,各连接件之间的连接方式及连接要求等。

无人机动力系统装配工艺顺序为:

(1)准备工作:按工艺领料备料环节。

(2)安装发电机:一般在发动机磨车完后进行。

(3)安装缸温传感器。

(4)安装发动机。

(5)安装油管:要求油管长度适中。

(6)连接及调整节风门。

(7)连接油路及检测油压。

(8)安装螺旋桨。

(9)安装桨帽。

(10)停车控制。

(11)安装电动油泵转接电缆。

无人机动力系统导线及油管安装方向按图样及技术要求进行。无人机动力系统各连接件之间的连接方式主要为螺栓连接及扎带连接,螺栓连接时螺母有拧紧力矩要求,连接使用的工具主要有扎带钳、力矩扳手及三用表等。

对于电动无人机或安装小型涡喷、涡扇发动机的无人机动力系统安装,安装要求及方法可参照相关的图样及技术文件,按前面所述的安装方法进行安装。

8.4　无人机设备安装工艺设计

8.4.1　设备安装内容

航空电子设备、机载数据终端和任务设备等都需要装载到无人机机体上,统称为机载设备,一般包括机载计算机、传感器(油量、航向、缸温、动静压等)、角速率陀螺、垂直陀螺、舵机、天线、收发组合、射频电子箱、电池、稳压电源、夜航灯、机载记录仪、相机、摄像机、摄像头、雷达及红外平台等。机载设备安装属于无人机设备安装的内容。

航空电子设备主要由机载计算机、测量设备、伺服设备、供电设备、机载电缆（见图8-11）和其他设备等组成。其中：机载计算机由计算机中央处理器（CPU）板、数据采集与处理板、卫星定位定向接收机板、动压传感器、静压传感器和机箱等组成；测量设备由垂直陀螺、航向传感器、速率陀螺组合、油量传感器、温度传感器和空速管等组成；伺服设备由左副翼舵机、右副翼舵机、升降舵机、风门调节器、进风口调节器和舱门驱动装置（见图8-12）等组成；供电设备由交流发电机、直流稳压电源和机载电池组等组成；无人机电缆由整机电缆和附属电缆组成；其他设备包括卫星定位定向天线、夜航灯等。如图8-13所示。

机载数据终端主要由机载收/发组合、机载功放及天线组成。

任务设备一般为光电侦察设备、相机、雷达等，光电侦察平台由稳定转塔和升降装置组成，稳定转塔由电视摄像机、数据记录仪、稳定平台组成。

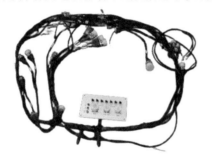
图8-11　机载电缆组件

图8-12　舱门驱动器

图8-13　机载设备

8.4.2　设备安装工艺设计原理

机载设备一般需要安装到各自的设备固定支座上。设备固定支座的安装一般在无人机机体装配时进行，采用装配工装定位器或定位板定位，既可以保证设备安装精度又便于人员操作。

有些设备具有特殊的安装要求，如角速率陀螺、垂直陀螺、光电侦察设备等，其定位要求比较严格，需要专用的定位器定位，这些设备固定支座的安装在无人机装配时进行较为合理。其余安装位置精度要求不高的设备的安装可以在无人机下架之后进行，通过画线或辅助工装定位。

下面结合某型无人机设备安装实例进行设备安装工艺规程设计。各机载设备安装底板、支架可以作为小部件独立进行装配。图8-14所示为电池组安装架。

电池组安装架的装配首先按照图样明细领用各零件、标准件,再按照图样在底板上画线、定位各安装件,制孔后用标准件将各零件紧固到底板上。

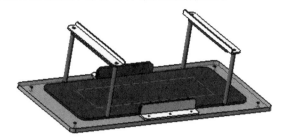

图 8 - 14　电池组安装架

图 8-15 所示为某型无人机部分设备安装情况,图中的设备安装分为上、中、下 3 层,设备安装底板组件作为小组件独立装配。底板组件安装接头在机身框板上安装,按照框板上的机身水平轴线和机身对称轴线划线定位,制出连接孔后用标准件将接头紧固到框板上,如有误差,可在接头后加垫补偿。

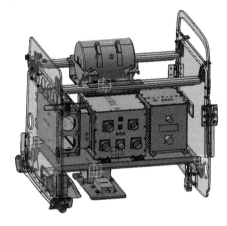

图 8 - 15　无人机部分设备安装情况(隐去机身板件)

机载设备安装一般按照机身→机翼→尾翼的顺序进行,机身上按照从外向里、从前到后、从下到上的顺序安装,先安装机身外部的设备(如天线),再安装机身各舱内的设备,由一舱到二舱,依次类推,舱内按由下到上的顺序进行,直到完成所有设备的安装。设备安装应注意连接可靠,对重要连接处要进行防松处理。

所有设备安装完成后,需要进行多余物检查。多余物是指遗留在无人机内一切不属于产品技术资料规定的物体。无人机上的多余物是无人机安全的重大隐患,必须彻底清除。

8.5　无人机发射回收系统工艺设计

发射(起飞)回收(降落)装置(系统)的功用是保证无人机顺利升空以在安全的高度和速度飞行,并在执行完任务后从空中安全回落到地面。无人机起飞和降落方式直接决定了起飞降落系统的组成。

8.5.1 无人机发射回收系统的组成和功用

与发射(起飞)和回收(着陆)有关的设备或装置包括发射车、发射箱、弹射装置、助推器、起落架、回收伞、拦阻网等。

无人机的起飞(发射)装置有多种类型,主要的起飞(发射)方式有地面滑跑起飞、沿导轨发射、空中投放、手抛发射、火箭助推发射、车载发射等。有些小型无人机由容器内的液压或气压动力弹射起飞。

无人机的回收方式包括自动着陆、降落伞回收、空中打捞、气囊回收和拦网回收等。不同类型和不同使用环境下的无人机,可选择不同的起降方式组合。小型无人机通常采用弹射或火箭发射,大型无人机则采用起落架或发射车进行发射。

滑跑起降的无人机起落架由支柱、缓冲器、刹车装置、机轮和收放机构组成,用于无人机停放、滑行、起飞和着陆滑跑。如图 8-16 所示。

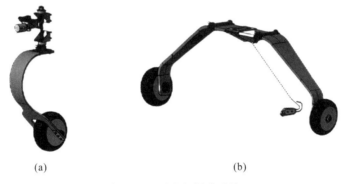

(a)   (b)

图 8-16 无人机滑跑系统
(a)前起落架; (b)后起落架

本节主要介绍适用于中小型固定翼无人机起飞和降落的火箭助推起飞伞降回收。火箭助推起飞也可称为火箭发射,这种发射回收方式对场地没有特殊要求,可以在复杂地形条件下使用。

火箭发射伞降回收方式的发射回收系统由火箭助推器、火箭锥座、导向器、滑橇组件、减震器、斜撑杆、后减震垫、触地开关组件、降落伞、脱落节等组成,如图 8-17 所示。

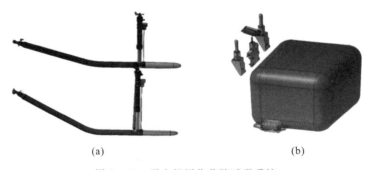

(a)   (b)

图 8-17 无人机回收着陆减震系统
(a)滑橇减震器; (b)伞包

火箭助推器、火箭锥座、导向器用于无人机起飞。火箭助推器内火药燃烧产生的推力通过火箭锥座传递到无人机机身结构上,使无人机达到起飞速度,导向器用于保持火箭助推器的方向。

滑橇组件、油气式减震器(吸收能量大,反跳小)、斜撑杆、后减震垫、触地开关组件、降落伞、脱落节等用于无人机回收。

回收时,降落伞将无人机的落地速度减小到可承受的范围内,通过滑橇组件、减震器、斜撑杆、后减震垫来吸收与地面的冲击能量,改善着陆性能,迫降时还可用滑橇在地面滑行,落地时触地开关被触发,向脱落节发出信号,由脱落节将降落伞与机身分离。

8.5.2　无人机发射回收系统装配工艺设计原理

发射回收系统装配一般在无人机出场前进行,按照设计要求,将降落伞放置舱内表面处理平整,保证不会钩挂降落伞,将伞舱盖装配到机身上的正确部位,保证伞舱盖开关顺畅,无刮蹭现象。通过连接接头将滑橇组件、减震器、斜撑杆连接到机身上,将降落伞带与机身上降落伞前接头、后接头相连接,并用脱落节保护套保护脱落节,将导向器通过角盒与机身相连。滑橇减震系统如图 8-18 所示。

在无人机全载荷状态下,通过称重吊挂,调节无人机重心;调整配重或者在火箭锥座安装面加垫,以保证火箭推力线(无人机重心及推力线测量与调整)满足设计要求。

飞行前调试时,还需要调整触地开关组件在减震器上的安装位置,保证滑橇接触地面时,触地开关能有效发出信号。

8.5.3　系统检验

目视检查火箭助推器在短时间内能否将无人机推送至安全的速度和高度,并且在目视范围内顺利脱落。火箭脱落后,无人机能顺利进入航线。

目视检查回收伞在回收时顺利出仓、充满,实现对无人机减速并完成无人机回收。

思 考 题

1.简述操纵系统装配过程。
2.简述无人机操纵系统分类。
3.简述无人机燃油系统的装配过程。
4.简述活塞式发动机动力系统组成。
5.简述无人机动力系统的安装要求及装配顺序。
6.设备安装应在什么时间进行?安装时应注意哪些事项?
7.火箭发射伞降回收有什么优缺点?
8.安装滑橇组件、减震器、斜撑杆时通过什么方法与机身协调?

第9章 无人机重心、推力线测量与调整

装配和安装完成的无人机须称重,调整无人机重心、推力线,以保证无人机的发射、回收和操纵性。本章主要讲述重心测量与调整、竖直吊挂法测量与调整推力线、重心测量法测量与调整推力线的方法与步骤。竖直吊挂法须在满油状态下进行,重心测量法则不然。

教学要求

(1)熟知重心、推力线测量与调整方法。
(2)掌握吊挂法称重与重心调整。
(3)掌握竖直吊挂法测量与调整推力线的方法与步骤。
(4)掌握重心测量法测量与调整推力线的方法与步骤。

内容框架

本章的内容框架如下。

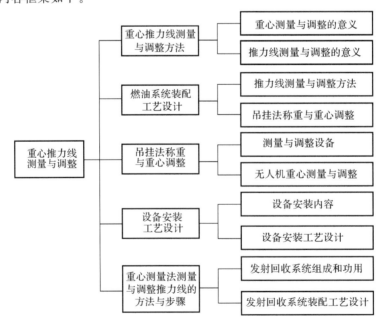

9.1　无人机重心、推力线测量与调整方法

装配和安装完成的无人机需通过整机称重来调整重心,通过无人机全装载状态吊挂等来调整推力线,以保证无人机的发射、回收和操纵性。

9.1.1　无人机重心测量与调整的意义

对于任何工程产品,都需要求出准确的重心,而对于有 6 个自由度的无人机来说,测量并调整其重心到准确的位置更有其特殊的意义。

无人机重心就是整个无人机的重心和机翼的相对位置,它以翼弦长度的百分比表示。在整个飞行过程中,无人机的重心应当位于一个相当小的预先确定好的区域内。若重心的位置在这个区域的前面,势必要向上操纵升降舵面,增加抬头力矩,这就增加了起飞和着陆的困难。若重心位于这个区域的后面,无人机就不能稳定地飞行。

无人机的重心位置在很大的程度上决定着无人机的飞行状态,即无人机的平衡、稳定性与操纵性。舵面上所受外力正常也是由于正确地测量和调整了无人机的重心位置。

无人机的重心位置是影响无人机俯仰稳定性的最重要的因素,影响最大的是重心位置沿翼弦方向的变化。重心后移则稳定性减弱,重心前移稳定性则提高。对于一般形式的无人机,重心位置变化的容许范围不超过平均气动力翼弦的 2%。

调整无人机重心位置最简单的方法就是将无人机各机载设备按重心布置。但由于目前几乎所有的设备都集中在机身内,空间紧凑,所以移动设备并不是完全可以做到的。因此在设计时采用预先计算并预留配重位置来解决这一问题。实际重心测量和调整时通过质量检查和计算进行确定。

9.1.2　无人机推力线测量与调整的意义

无人机起飞方式是决定其使用灵活性的关键因素之一。无人机起飞方式通常采用零长发射和滑跑起飞两大类。火箭助推发射是国内外众多中小型固定翼无人机经常采用的一种起飞方式。一般采用零长发射或短轨发射,不需要专用机场跑道,对周围自然环境要求较低,可以很好地满足快速、便捷、机动的野战环境使用要求,从而大大拓宽无人机的应用范围。

火箭助推发射是无人机飞行过程中较为复杂的阶段,是指无人机通过助推火箭和发动机推力或拉力,由静止状态加速到安全飞行速度和高度,并保持一定飞行姿态的过程。在初始条件确定的情况下,无人机起飞过程中的速度由助推火箭和发动机推力或拉力决定,无人机起飞过程中的稳定性由无人机机体俯仰角决定。在起飞阶段,无人机飞行速度较小、舵面控制效果较差,飞行姿态对发射参数极为敏感。在气动力还不能充分起作用的发射初期,良好的助推火箭推力线安装角是无人机发射成功的关键因素之一。

在无人机发射前,通过调整助推火箭推力线相对于无人机实际重心的位置,可以产生有利于发射安全的作用力矩。推力线纵向向前偏离重心,可以产生一定的低头力矩,以克服发射初期负迎角下较大的抬头力矩;推力线横侧偏离重心,可以产生一定的滚转力矩,以抵消

螺旋桨转动产生的反扭矩,但同时产生的偏航力矩对发射不利,过大的侧向偏航力矩,还会产生很大侧滑。

因此,无论是助推火箭推力线产生的抬头力矩、低头力矩还是偏航力矩,其偏离量都必须限制在一定数值范围内。否则,由于助推火箭推力较大,在无人机俯仰方向产生较大的作用力矩,会造成无人机在起飞时俯仰姿态发生改变,显著影响无人机起飞性能,从而导致发射失败的概率增大。因此,如何进行助推火箭推力线调整,使助推火箭推力线延长线接近或通过无人机实际重心,满足无人机零长发射起飞时的技术状态要求,就成为无人机制造过程中的重要环节。

9.1.3 基本概念

无人机重心——全机重力的作用点在无人机上的相对位置。理论上无人机重心是用相对于无人机三个基准轴线的坐标定义的,本方法主要是指重心在无人机纵向轴线的位置,即沿无人机水平轴线的位置。这个位置用重心处于无人机机翼平均气动力弦的百分比位置表示。

机翼平均气动力弦——机翼几何形状的表征参数,比如某型机翼平均气动力弦取541.48。通常用于表示无人机的纵向稳定特性。

推力线——助推火箭的轴线,它代表了火箭作用时推力作用的方向和位置,直接影响火箭助推时无人机的发射安全。

配重——为了将无人机的重心调整到设计要求,而在无人机上某些部位增加的重量块,一般为铅块。

9.1.4 无人机推力线测量与调整方法

在实际工程应用中,经常采用的推力线调整方法有竖直吊挂法和重心测量法两种方法。

1. 竖直吊挂法

竖直吊挂法的理论依据是,在重力作用下,任何物体的重心方向都是竖直向下的。竖直吊挂法是指将无人机机体翻转过来,机腹朝上,通过助推火箭和机体连接处的挂点竖直吊挂在吊挂装置上,则吊挂所用钢索的方向必然通过无人机实际重心。因此,竖直钢索的方向即为助推火箭推力线方向。根据此测量方法,就可以进行无人机助推火箭推力线的测量与调整。采用竖直吊挂法进行测量时,在无人机助推火箭座顶锥中心设计有内螺纹,螺栓与内螺纹连接,测量筒接头内锥面与火箭座顶锥面配合。利用钢索和螺栓,使无人机机腹朝上,竖直吊挂在吊挂装置上,钢索方向即为无人机实际重心方向,测量筒、测量筒接头、火箭顶锥三者轴线方向即为助推火箭实际推力线方向。当钢索方向与测量筒轴线方向重合时,即表示助推火箭推力线通过无人机实际重心。当钢索方向与测量筒轴线方向有偏差或偏差较大时,则说明无人机实际重心与理论重心偏离较大,需对无人机锥座安装面通过加垫法进行调整。竖直吊挂法吊挂工装组成示意图如图9-1所示。

竖直吊挂法的缺点:

(1)对于机体尺寸较大的火箭助推发射无人机,竖直吊挂法对吊挂场地空间尺寸要求大幅提高,特别是对场地高度的要求。由于尺寸变大、质量增加,无人机翻转和吊挂都变得较为困难,吊挂安全性问题也更加突出。

(2)当无人机需在不加满燃油状态下起飞时,由于燃油流动性,此时进行助推火箭推力线调整时,油箱中燃油在竖直吊挂状态与水平发射状态重心位置差异较大。因此,竖直吊挂法对于未满油状态下测量误差较大。

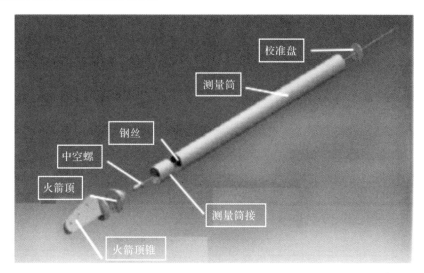

图 9 - 1　竖直吊挂法吊挂工装组成示意图

竖直吊挂法的优点:

(1)竖直吊挂法对于中小型无人机而言,进行推力线测量与调整更加快捷、方便。

(2)对于中小型无人机,满油工况下,采用竖直吊挂法进行测量时,翻转容易,称重吊挂方便,测量、调整过程中,误差积累较少,其安装精度完全能够满足无人机火箭助推发射技术要求。

2.重心测量法

满足无人机火箭助推、零长发射的首要条件是助推火箭推力线必须接近或通过无人机实际重心。因此,采用重心测量法进行助推火箭推力线调整时,首先要解决的问题就是要找到无人机的实际重心。在生产过程中,受各种制造误差积累的影响,每架装配完成的无人机实际重心相对于理论重心都有一定偏差,因此,必须采用添加配重的方法调整无人机重心,使其接近理论重心,并使助推火箭推力线与实际重心接近或重合。

在实际工程应用中,通常基于力矩平衡原理,采用三点法进行无人机重心测量。根据三点法测量得到机体重力数据,通过公式计算得到无人机实际重心的空间坐标值。然后以实际重心坐标为依据,根据产品设计给定的助推火箭推力线与无人机基准平面的夹角,确定助推火箭座与无人机重心的相对位置。

重心测量原理如下:将无人机采用后三点式支撑,其中前面两个支撑点为无人机前支点,后面支撑点位于机身腹部对称面上,其原理如图 9-2 所示。

将无人机按图 9-2 所示方式支撑好后,通过调整无人机在机身对称平面内的俯仰角,分别在 0°、+4°、-4° 这 3 种状态下测出无人机在 3 个支撑点处的重力值(G_1、G_2、G_3),则无

人机实际重力计算公式为

$$G=G_1+G_2+G_3 \qquad (9-1)$$

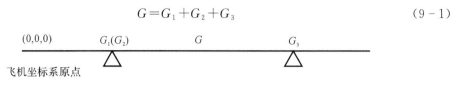

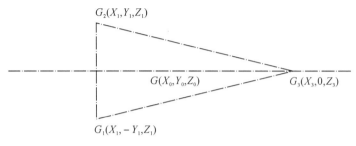

图 9-2 重心测量法原理示意图

按下式计算得出无人机实际重心 X 方向坐标值 X_0 为

$$X_0=[(G_1+G_2)\times X_1+G_3\times X_3]/G \qquad (9-2)$$

按式(9-2)用同样的方法计算出在 $+4°$、$-4°$ 状态下的实际重心 X 方向的坐标 X' 和 X''。

按下式计算得出无人机实际重心 Y 方向坐标值 Y_0 为

$$Y_0=(G_2-G_1)\times Y_1/G \qquad (9-3)$$

按以下各式计算得出无人机实际重心 Z 方向坐标值 Z_0:

$$Z_{01}=(X'-X_0\times\cos4)/\sin4 \qquad (9-4)$$

$$Z_{02}=(X_0\times\cos4-X'')/\sin4 \qquad (9-5)$$

$$Z_0=(Z_{01}+Z_{02})/2 \qquad (9-6)$$

重心测量法的缺点:

(1)需要对无人机进行称重、计算重心并调整配重,操作过程较为烦琐,需要重复上述过程,才能完成无人机实际重心到理论重心的调整工作。

(2)助推火箭座结构在没有工装保证的情况下,固定难度较大,需要专用的工装才能保证其调整安装精度。

重心测量法的优点:

(1)测量过程采用三点式支撑,无人机姿态与发射状态更接近,助推火箭推力线调整时更接近无人机真实发射状态,与竖直吊挂法相比更接近不同燃油装载工况下助推火箭推力线调整安装的实际需求。

能够满足从小型到大型火箭助推发射无人机助推火箭推力线调整安装的需求。

通过以上两种测量方法的优缺点分析可知,竖直吊挂法和重心测量法在无人机重心测量和推力线调整方面各有优势和劣势。竖直吊挂法更适合尺寸较小、满油工况状态下无人机重心测量及推力线调整。而重心测量法则更适合于尺寸较大、任何燃油装载工况下无人机重心测量及推力线调整。

9.2 无人机吊挂法称重与重心调整

9.2.1 测量与调整用设备

无人机重心测量过程中用到的量具有水平尺、卷尺、钢板尺、电子秤等。工装设备有水平吊挂设备、地面辅助装备,如推车、吊车等。调整工具有锦丝绳、开式螺旋扣等。配重安装工具有钳子、扳手及螺丝刀等。

9.2.2 无人机重心测量与调整

(1)无人机重心设计要求。依据无人机分系统产品规范,某型无人机重心的调整范围为36%bA～41%bA,bA 为机翼平均气动力弦。

(2)无人机重心测量与调整。无人机重心沿纵轴的位置是通过杠杆原理来实际计算的。测量无人机称重杠杆系统及理论重心位置重心时,无人机必须在待飞的全载状态下。

(3)无人机状态准备。

1)无人机的各个零、部件必须按照图样安装齐全,不能有遗漏,要连接可靠。

2)无人机的航电设备和任务设备(用于称重吊挂的假件)必须装载齐全、连接可靠,并按照设备安装图样进行检查和检验,确认无误。

3)无人机油箱需按要求加注燃油。

4)在记录表内记录日期、无人机批次号、燃油、配重、设备状态等。

(4)无人机重心及称重挂点。某型无人机理论重心及称重挂点位置如图 9-3 所示。

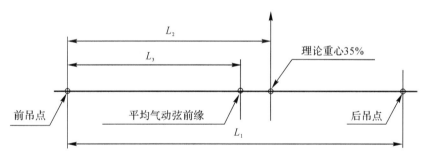

图 9-3 无人机重心及称重挂点位置

(5)某型无人机称重方法及称重设备。无人机称重方法及称重设备如图 9-4 所示。

(6)无人机重力及重心计算。无人机重力及重心计算分别按下面的式子计算:

$$W = W_q + W_h \qquad (9-7)$$

$$a = W_h l / W \qquad (9-8)$$

$$X_C = (a - 1\,100.9)/541.5 \times 100 \qquad (9-9)$$

式中:a——无人机重心距前称重点的距离;

l——前后称重点之间的距离;

W_q——无人机前称重点的称重读数;

W_h——无人机后称重点的称重读数;

W——无人机总重力;

W_c——无人机重心位置。

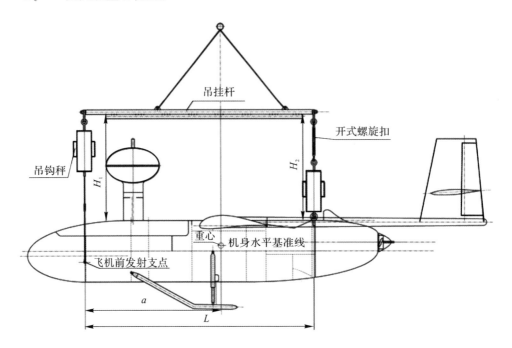

图 9-4　无人机称重方法及称重设备

(7)无人机重心调整。前部加配重,配重与重心位置的关系:1框增加重力,重心位置前移。

后部加配重,配重与重心位置的关系:7框增加重力,重心位置后移。

无人机配重按指定图样或要求安装,按最终吊挂结果配装,在不超无人机总重力要求的前提下,允许对无人机配重进行调节。

9.3　竖直吊挂法测量与调整推力线的方法与步骤

9.3.1　测量与调整用设备

竖直吊挂法测量和调整推力线用到工装设备有翻转架、吊挂筒、吊挂绳。

测量工具有 150 mm 钢板尺(1 把),推力座加垫调节用安装工具,30 N·m 扭力扳手(1 把),带加长杆和双向手柄的套筒扳手。

9.3.2　火箭推力线设计要求

某型无人机要求火箭助推的推力线从无人机重心的右上方通过,依据无人机分系统产品规范,推力线与重心的偏离距离在纵向及横向都有相应的要求,如图 9-5 所示。

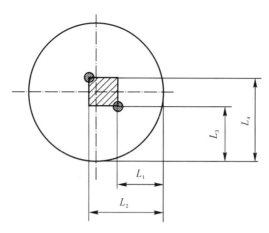

图 9 - 5　无人机理论推力线位置示意图

9.3.3　火箭助推推力线的测量

火箭助推推力线是通过吊挂的方式来测量的,要求无人机必须保持在待飞的全载状态,如图 9 - 6 所示。

图 9 - 6 中吊挂钢丝绳中心线通过无人机重心,吊挂测量筒的轴线代表了火箭推力线。火箭推力线与重心之间的偏离可通过吊挂钢丝绳轴线与吊挂测量筒筒口中心点的偏离来间接测量。

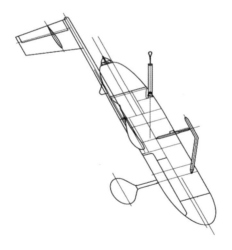

图 9 - 6　无人机推力线测量方法示意图

9.3.4　无人机推力线测量要求

无人机推力线测量数据范围如图 9 - 7 所示。

图 9 - 7 所示为无人机顺航向的视图,即无人机吊挂起来后,面向无人机腹部,然后俯视测量筒口,旋转测量筒,多次读数。

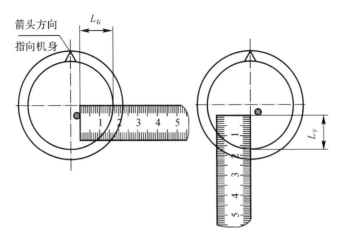

图 9 - 7　某型无人机推力线测量筒口数据范围

9.3.5　无人机推力线的调整

若无人机的推力线测量数据不满足要求,则需要对推力线进行调整。调整的方法是在推力座与推力座安装框之间加垫,加垫的位置按照几何方法确定,见表 9 - 1。

表 9 - 1　推力座加垫方向确定

筒口偏差	加垫位置	筒口偏差	加垫位置
筒口右边读数小于边界值	顺航向推力座左边加垫	筒口下边读数小于边界值	推力座上边加垫
筒口右边读数大于边界值	顺航向推力座右边加垫	筒口下边读数大于边界值	推力座下边加垫

推力座需加垫的垫片厚度根据需要调整,加垫厚度差与预期测量筒偏离值存在一定的比例关系。

9.3.6　验收要求

(1)无人机重心验收要求。无人机重力在验收条件范围内为合格,无人机重心在范围内为合格。

(2)无人机推力线验收要求。无人机推力线测量值在范围内为合格。

(3)记录。无人机重心推力线的测量结果必须记录明确,并签字。记录的要求包括前称重点重力、后称重点重力、无人机总重力、无人机重心、配重重力、配重位置、推力线测量数据、推力座加垫情况(厚度及位置)及无人机称重吊挂时的装载状态等。

9.4　重心测量法测量与调整推力线的方法与步骤

本节主要内容为采用电子测量、手动升降和自动计算等手段,基于重心测量法原理,完成某型无人机助推火箭推力线测量与调整的过程和方法。

采用助推火箭调整定位装置进行无人机助推火箭推力线调整定位时,仅需将无人机水平放置,即可测出机体实际重力,并通过给定计算公式得出无人机实际重心,简便、快捷。在通过配重调整使得实际重心接近或通过理论重心位置后,即可利用调整定位装置的调整定位功能,快速完成无人机助推火箭空间位置安装位置的调整安装,使助推火箭推力线方向与无人机实际重心保持一致,从而为无人机起飞提供安全保障。

无人机助推火箭调整定位装置由框架底座、重心测量系统、助推火箭调整定位系统三部分组成,如图 9-8 所示。

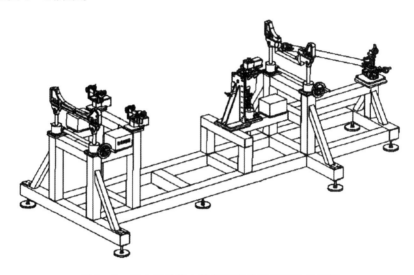

图 9-8　无人机助推火箭调整定位装置结构示意图

(1)框架底座包括活动调整支座、支撑框架以及水平测量基准孔等。支撑框架是整个装置的支撑结构,使操作人员在舒适高度完成助推火箭调整和安装工作。活动调整支座位于支撑框架下方。水平测量基准孔位于支撑框架上表面四角位置。将活动调整支座和水平测量基准孔的调整相结合,可快速调整支撑框架到水平位置,最大限度保证受测无人机所受重力方向竖直向下。

(2)重心测量系统包括放置架、升降装置、后三点式支撑座、数显式压力传感器等。放置架位于支撑框架上,用于放置无人机机体,并防止机体因意外坠落到后三点式支撑座上,造成重力测量数据失真。放置架上带有升降装置,便于将无人机缓慢放置在后三点式支撑座上。后三点式支撑座采用球轴承和侧向轴承相结合的结构形式,避免了侧向摩擦力对机体重力测量值的影响,使机体重力测量结果更加精确。后三点式支撑座中,前两点采用固定支撑,后一点采用带有升降机构的活动支撑,便于将无人机抬起或放下到指定角度。数显式压力传感器位于 3 个后三点式支撑座下方,能够通过压力应变测量出机体的重力数值,并通过给定计算公式得出无人机实际重心位置。

(3)助推火箭推力线调整定位系统包括推力杆和三向数显位移调节器。由于每架无人机实际重心位置都不同,因此在装配安装时,每架无人机都需要根据实际重心位置进行助推火箭推力线位置的调整。推力杆顶部与助推火箭座固连,三向数显位移调节器位于推力杆底部,通过沿 X、Y、Z 3 个方向的位移调整装置,调整推力杆轴线和实际重心位置一致,即能调整助推火箭推力线与无人机实际重心位置一致,从而使无人机起飞时有可靠的助推推力和助推方向保障。

(4)按照调整结果安装或加垫安装火箭推力座。无人机助推火箭推力线调整方法流程如图9-9所示。

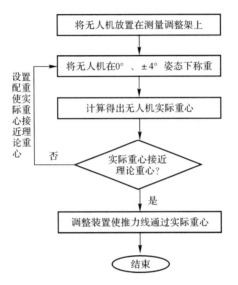

图9-9 无人机助推火箭推力线调整方法流程

为提高无人机重心测量的精度,无人机助推火箭调整定位装置选用性能优良的高精度压力传感器,并在硬件上保证其精度和可靠性。定位装置设计加装了自动称量、自动计算的设备,还采用通电开机后,程序自动对数显压力传感器进行清零的功能,从而达到减小误差、提高精度的目的。

思 考 题

1. 无人机重心与推力线测量与调整的意义是什么?
2. 什么是配重?
3. 试述无人机重心与推力线测量与调整的方法及优缺点。

第 10 章　多旋翼无人机装配

内容提示

与固定翼无人机不同,旋翼无人机是通过旋转翼片产生升力和推力的无人机,具有垂直起降功能、高机动性、应用广泛。本章主要讲述多旋翼无人机飞行控制原理、系统组成、功能及多旋翼无人机结构装配技术。

教学要求

(1)熟知旋翼无人机飞行控制原理。
(2)熟知多旋翼无人机系统组成及功能。
(3)掌握多旋翼无人机结构装配技术。

内容框架

本章的内容框架如下。

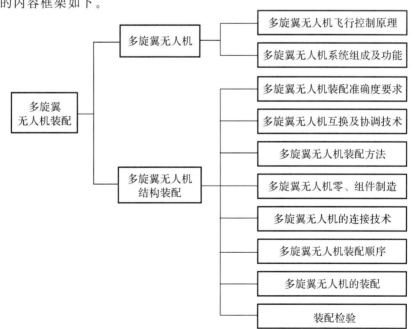

10.1　多旋翼无人机

大多数无人机根据起降方式及飞行原理可分为旋翼无人机和固定翼无人机。

固定翼无人机是利用机翼产生升力,通过舵面来控制姿态和方向的无人自主航空器。旋翼无人机是以动力驱动的旋翼作为主要升力和推进力的来源,能垂直起降的重于空气的无人自主航空器。旋翼无人机按构型不同,可分为单旋翼无人机、双旋翼无人机、多旋翼无人机、涵道风扇式旋翼无人机、复合推力旋翼无人机等。

20世纪90年代,微机电系统(MEMS)技术的发展与成熟,推动多旋翼飞行器朝小型化、无人化方向发展并进入消费领域,2005年左右,多旋翼无人机自动控制器诞生,2010年法国AR.Drone 4开启了多旋翼无人机消费新时代,如图10-1所示,2012大疆推出"精灵"(Phantom)4旋翼无人机,畅销全球,如图10-2所示。

图10-1　AR.Drone 4多旋翼无人机

图10-2　"精灵"4无人机

多旋翼无人机易于操控、结构简单、紧凑、成本低、起降方便、可以定点悬停、噪声小、携带方便、易隐藏、维护简单,因此其更适合民用、商用,如航拍、环境监测、侦察、建筑建模、特殊物体运输,植保等多场景、小区域应用。相比固定翼无人机,多旋翼无人机续航时间短、负载能力弱、飞行速度慢。

10.1.1　多旋翼无人机飞行控制原理

多旋翼是指采用4副及以上、对称分布在机体四周、正反转成对配置的旋翼构型。常见有四旋翼、六旋翼(见图10-3)、八旋翼(见图10-4)等构型,其中以四旋翼无人机最具代表性,最为常见,典型的多旋翼无人机有美国的"飞龙"(见图10-5),法国的AR.Drone、中国的"精灵"系列等。四旋翼,也称 4 轴无人机,是多旋翼无人机的主流。

复合翼垂直起降无人机是多旋翼无人机与固定翼无人机的一种组合形式,羚控复合翼无人机就是这种形式的,如图 10 - 6 所示。

为获得开阔的视野,旋翼无人机旋翼多为 X 形布局方式,通过改变电压,调节各轴螺旋桨之间的相对转速来调节拉力和扭矩,实现对无人机 6 个自由度的控制,如上下、左右、前后、横滚、俯仰、偏航旋转。

旋翼无人机的控制通道仅有升降通道,横滚角控制通道,俯仰角控制通道和偏航角控制通道,是一种欠驱动耦合性强的非线性系统。

图 10 - 3　华测 P550 六旋翼无人机

图 10 - 4　易瓦特八旋翼无人机

图 10 - 5　"飞龙"多旋翼无人机

图 10 - 6　羚控复合翼无人机

10.1.2　多旋翼无人机系统组成及功能

多旋翼无人机系统是一种高度智能化的闭环反馈控制系统,多旋翼无人机系统主要由飞行器平台、控制站、通信链路、辅助设备系统及任务载荷等组成,飞行器平台包括飞行器机体结构(机架机身)、动力系统、飞行控制系统、导航系统、电气系统、通信系统;控制站包括显示系统、操纵系统;通信链路包括机载通信与地面通信。多旋翼无人机系统组成如图 10 - 7 所示。辅助设备包括训练保障设备、使用维护设备、综合保障设备、运输车等,任务载荷包括摄像机等。

无人机机体结构主要指无人机的机身机架,是整个旋翼无人机的飞行载体。机架包含机身骨架、起落架、设备安装平台架,整流罩等,用于安装、固定飞行器各系统以及任务载荷,如相机、光电转台等。机身机架是无人机平台的主要承力和传力结构,决定了平台的气动外形,设计时需考虑机身骨架的静力学和动力学特性,使其满足静强度和动强度要求,同时兼顾重力因素,一般使用强度高、质量轻的材料制成,例如碳纤维、玻璃纤维、PA66+30GF、铝合金、丙烯腈-丁二烯-苯乙烯共聚物(ABS)、聚碳酸酯(PC)、聚丙烯(PP)、尼龙、树脂及少量的钢等。

图 10-7 多旋翼无人机系统组成

PA66+30GF 为玻璃纤维增强 PA 聚酰胺工程塑料,密度为 $1.3 \sim 1.4$ g/cm^3。PA66+30GF 是在 PA 加入 30% 的玻璃纤维,PA 的力学性能、尺寸稳定性、耐热性、耐老化性能有明显提升,耐疲劳强度是未增强前的 2.5 倍。

多旋翼无人机整流罩应具备一定的防雨和通风散热能力,以保障机舱内设备的正常工作,多旋翼无人机整流罩在满足气动外形的前提下,一般都比较美观,可拆卸性好。

起落架是多旋翼无人机的起降装置,可以进行着陆缓冲,保障无人机平台安全。

多旋翼是无人机平台主要的升力部件及操纵部件,集多项功能于一身,也是多旋翼无人机的主要振源,一般由桨叶、桨毂和连接件组成,多旋翼无人机旋翼多为一体化定桨距螺旋桨,螺旋桨安装在支臂端电机上,通过自身旋转,将电机转动功率转化为动力。可以通过控制电机转速来控制旋翼升力和反扭矩的大小,进而控制飞行姿态。

多旋翼无人机螺旋桨桨叶分为正桨和反桨两种类型,逆时针旋转产生升力为正桨,顺时针旋转产生升力为反桨,正反桨常用靠近中心的符号、颜色等,有的桨叶上也有旋转方向的箭头标记。桨叶常采用碳纤维、玻璃纤维、ABS 及榉木等制成。多旋翼无人机螺旋桨桨叶如图 10-8 和图 10-9 所示。

多旋翼无人机动力系统一般有电动和油动两种。民用工业以油动为主。电动多旋翼无人机是最主流的消费级机型,动力系统由电机马达及电调两部分组成,多安装在支臂末端。

电机:电机是驱动无人机旋翼运动的关键部件,是由电动机主体和驱动器组成的,在整个飞行系统中,起到提供动力的作用。多旋翼无人机通常配备多个电机,每个电机驱动一个螺旋桨。飞行控制器通过控制电调来控制电机的转速和方向。以达到控制无人机的姿态和运动的目的。无人机的电机一般为无刷直流电机,分为顺时针和逆时针两种类型,装配时可通过电机顶部标识识别其旋转方向。

图 10 - 8　大疆 dji 御 mavic air 螺旋桨

图 10 - 9　螺旋桨与电机的连接

电调(Electronic Speed Controller,ESC):电调是连接电机和飞行控制器的中间设备,负责接收飞行控制器发出的控制信号,实现对电机的驱动控制和速度调节。电调还可以监测电池电量,并在电量过低时发出警告或控制无人机自动返航。电调可安装在机臂电机附近,也可安装在机体上。

电池是将化学能转化成电能的装置。在整个飞行系统中,电池作为能源储备,为整个动力系统和其他电子设备提供电力来源。一般为采用高能量密度的锂聚合物电池等,是由电池先串联再并联后组成的,规格按电池标识。电池能量密度不断增大,无人机较轻时,续航时间不断延长。太阳能、氢能等新能源电动机也有望为小型无人机提供更持久的动力。

多旋翼无人机的飞行控制系统是无人机的"驾驶员"和控制中心,即中央处理器(CPU),是无人机完成起飞、空中飞行、执行任务和返场回收等整个飞行过程的核心系统。负责接收和处理来自传感器的数据,并根据预设的飞行控制算法来计算和发送控制信号给电调和电机,控制无人机的飞行姿态和运动。

飞控系统主要通过飞行控制算法、传感器、机载计算机(定位芯片和主控芯片)和伺服作动设备感知无人机的状态和环境,如角度、加速度、磁场、气压等数据。其中,机身装配的各种传感器,如加速度计、气压计、传感器、陀螺仪、地磁计等是飞控系统的基础,是保证飞机控制精度的关键。高端无人机传感器中大量应用超光谱成像、合成孔径雷达、超高频穿透等新技术。

现有飞控系统是开源与闭源系统的结合。国内大部分无人机厂商在开源系统的基础上演化出闭源系统,并加入许多优化算法、简化了调参与线束,变得更加简单易用。

导航系统(如惯性导航、定位卫星导航、地形辅助导航、地磁导航、多普勒导航等)是无人机的"眼睛",负责向无人机提供参考坐标系的位置、速度、飞行姿态,引导无人机按照指定航线飞行,相当于"领航员"。导航主要分非自主(GPS等)和自主(惯性制导)两种,但分别有易受干扰和误差积累增大的缺点,多种导航技术结合的"惯性＋多传感器＋GPS＋光电导航系统"将是未来发展的方向。

数据链系统(通信系统)是无人机和控制站之间的桥梁。上行通信链路主要负责地面站到无人机的遥控指令的发送和接收。下行通信链路主要负责无人机到地面站的遥测数据、红外或电视图像的发送和接收。低空、近程无人机多采用定制视距数据链,中高空、长航时无人机采用超视距卫星通信数据链。无人机数据链技术向着高速、宽带、保密、抗干扰的方向发展。

遥控器:遥控器是无人机飞行控制系统的输入设备,由操控者发出指令控制无人机的飞行姿态。遥控器通常由接收器、解码器和伺服系统组成。操控者通过操作遥控器上的摇杆、按钮和开关等来发送控制信号给接收器,接收器再将解码后的信号传输给伺服系统做出相应的动作。

辅助设备系统:其主要指无人机云台,云台是安装、固定摄像机及无线图像传输系统的机械构件,能实现三自由度旋转,进行位移及姿态补偿,以保证无人机在各种环境下的稳定航拍。

机载云台通常为三轴云台,如图10-10所示,三轴包括俯仰、偏航、滚转,也称3个自由度,分别由一个电机进行控制。在三自由度云台的框架上,通过电机的控制,可以实现无人机三个自由度的解耦,起到隔离、抵消无人机运动影响的作用。

三轴云台安装一个三自由度陀螺仪感知摄像头的姿态偏差,当感知到摄像头要偏离设定的姿态(一般是水平状态)时,通过电机施加反向的运动,抵消运动变化。

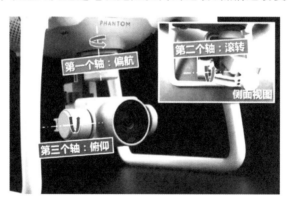

图10-10 三轴云台示意图

摄像机有4K、3D、高像素摄像头等。无线图像传输系统可将无人机拍摄到的画面,实时、稳定地发射给地面遥控接收设备。

10.2 多旋翼无人机结构装配

相对于固定翼无人机,多旋翼无人机结构比较简单,多为复合材料结构,相互之间多为胶接连接,设备与机身结构多为螺栓连接或快卸连接。

10.2.1　多旋翼无人机装配准确度要求

与固定翼无人机相比较,多旋翼无人机除螺旋桨之外,机体没有复杂的气动力外形,因而没有气动力外形准确度要求,协调准确度要求也较低,在装配时需关注各部件间相对位置的准确度要求。

多旋翼无人机结构简单、零件数量少、维护方便。通过提高零件、组合件的制造准确度和协调准确度,就可使进入装配的零件、组合件和部件具有生产互换性。在装配过程中,不必对工件进行试装和修配,能节省大量工时,缩短装配周期。

10.2.2　多旋翼无人机互换及协调技术

多旋翼无人机零组件采用 CAD 建模,数控加工,非拆装整体机架采用整体成型或焊接型架焊接,焊接夹具采用 CAD 建模,数控加工及数字化安装的装配协调方法。

10.2.3　多旋翼无人机装配方法

多旋翼无人机零件有足够的刚度和较高的准确度,在装配时一般没有修配或补充加工等工作,在旋翼无人机装配中,可广泛采用基准零件定位法。在旋翼无人机制造中,机架、支臂,各种安装座,接插件等,均采用这种方法定位、装配,简便易行,装配开敞,协调性好。

10.2.4　多旋翼无人机零、组件制造

多旋翼无人机机架多为管状结构,如机架及支臂,在机架上安装有各任务设备的安装座,一般采用轻量化的材料,如碳纤维复合材料、铝合金等。制造过程包括材料切割、成型、加工和组装等,可以通过数控机床、3D 打印技术等来实现。

有的多旋翼无人机机身主骨架为整体空间桁架结构,各件在焊接工装中采用热加工工艺焊接。

螺旋桨是多旋翼无人机制造难点之一,一般采用碳纤维复合材料、玻璃纤维复合材料及塑料等,在成型工装中一体化成型后,在烘箱或热压罐中固化成型,复合材料螺旋桨制造过程为:准备原材料及树脂、胶黏剂,预制叶片,热压成型,加工和修整,质量检验,性能测试(通过静态弯曲试验、动态平衡试验等)。塑料螺旋桨叶片制造过程包括注塑成型、平衡处理等。

零、组件需按相关的制造标准和质量控制要求,确保零件质量和性能符合设计要求。制造完成后还需要进行相关的测试和验证,确保零件的可靠性和稳定性。

10.2.5　多旋翼无人机的连接技术

1.螺栓链接
螺栓链接参照本书第 3 章内容。

多旋翼无人机组装工具有六角螺丝刀(1.5 mm、2.0 mm、2.5 mm、3.0 mm)、尖嘴钳、斜口钳、十字螺丝刀、老虎钳、台钳等。

2.组件胶接
组件胶接参照本书第 4 章内容及胶黏剂说明书。

胶纸类工具:AB胶、纸胶带、绝缘胶、强力胶、双面胶,3M背胶魔术贴及螺纹紧固胶等;强力胶用于黏结固定设备和固定支架,双面胶用于黏结固定较小的元件,3M背胶魔术贴用于固定质量较大且经常需要拆装的元件。

3.电子设备组装

电子设备安装调试类工具:剥线钳、端子钳、电烙铁、热风枪、万用表、水平仪、扎带、剪刀、镊子、钢尺、小锉刀、信号线、接头及热缩套管等。电机、电调及分电板焊接时需注意区分各设备接头与端子接头的端口是否准确。

10.2.6 多旋翼无人机装配顺序

多旋翼无人机的一般装配顺序如图10-11所示。

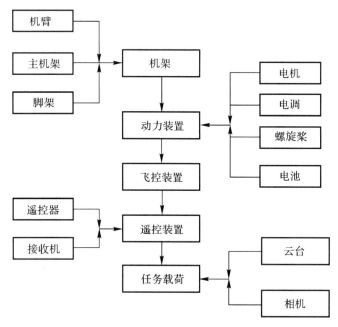

图10-11 多旋翼无人机的一般装配顺序

多旋翼无人机装配顺序一般为:机架、机臂及安装座等零、组件→机架→线缆安装→动力系统安装→飞控系统安装→接收器、传感器安装→任务载荷安装→静态测试→动态测试→试飞。

10.2.7 多旋翼无人机的装配

小部件、镜头、面板及碳纤维支架套管等一般采用胶接连接。构成机架的各管件间采用金属或塑料接头连接,螺钉固定。机架上各零件及设备安装座采用螺钉连接。

多旋翼无人机总装时主要进行电机、螺旋桨及电调(ESG)安装,飞控器安装、电源、全球定位系统(GPS)、发光二极管(LED)灯及线缆安装等。

(1)电机安装:按标识在相应的机臂上安装电机,用螺钉固定,以防装错。

(2)电调安装:在机架或机臂上安装电子调节器,连接电调与飞控,连接电调与电机。

（3）接收器安装：在机架上相应位置安装飞控器，用螺钉固定。

（4）电池安装：在电池舱或机架上安装电池，并连接到飞行控制器和电调。电池与机体一般为快卸安装，以便换电。

（5）传感器安装：按要求在机架上用螺钉安装各传感器，如陀螺仪、加速度计、磁力计、气压计等，分别与飞行控制器连接。

（6）LED 灯模块安装：按要求安装。

（7）任务载荷安装：按要求在机架上安装固定相机、图传等。

（8）线缆连接：在线缆上接插件连接各模块，按需使用扎带固定在机架上，注意有的线缆需预先安放。

（9）螺旋桨安装：将螺旋桨安装在相应的电机轴上，用螺钉固定，注意旋转方向要求。

10.2.8　装配检验

为确保无人机在飞行前满足安全和性能要求，按图样、操作手册等，在装配过程中或完成后，应进行检验。

（1）外观检查：外观应完好、无明显损坏或磨损。

（2）电子系统测试：测试各个电子系统，包括控制器、传感器、通信设备等，其功能应正常。

（3）旋翼系统：检查旋翼系统（包括螺旋桨、电机、电调等）的装配情况，确保其安装正确、工作正常。

（4）动力系统：包括电池、电源、线缆等，应确保其连接稳固、工作正常。

（5）飞行控制系统校准：包括陀螺仪、加速度计等的校准，要确保飞行姿态稳定。

（6）连接遥控器：将遥控器与飞行控制器进行配对，确保遥控器与无人机的通信正常。

思 考 题

1. 简述多旋翼无人机的系统组成及主要功能。

2. 简述多旋翼无人机装配准确度要求。

3. 简述多旋翼无人机装配顺序。

4. 简述旋翼无人机的装配检验要求。

参 考 文 献

[1] 陈绍杰.无人机上复合材料的应用与研究[J].飞机设计,2003(3):26-30.

[2] 程文礼,邱启艳,赵彬.无人机结构复合材料应用进展[J].航空制造技术,2012,414(18):88-91.

[3] 郭金树.复合材料件可制造性技术[M].北京:航空工业出版社,2009.

[4] 王云渤.飞机装配工艺学[M].北京:国防工业出版社,1990.

[5] 《航空制造工程手册》总编委会.航空制造工程手册:飞机装配[M].2版.北京:航空工业出版社,2010.

[6] 薛红前.飞机装配工艺学[M].西安:西北工业大学出版社,2015.

[7] 杨柳,岳婷,左杨杰,等.复合材料结构用干涉配合高锁螺栓技术[J].航空精密制造技术,2022,58(3):58.

[8] DAVIM J P.复合材料制孔技术[M].陈明,安庆龙,明伟伟,译.北京:国防工业出版社,2013.

[9] 《航空制造工程手册》总编委会.金属结构件胶接[M].北京:航空工业出版社,1995.

[10] 王武.树脂基复合材料机械连接技术的研究[D].西安:西北工业大学,2009.

[11] 益小苏.叠层胶粘复合材料概论[M].吉林:吉林科学技术出版社,1991.

[12] 秦国锋,那景新.复合材料胶接接头温度-湿度-载荷老化机理研究概述[J].中国胶粘剂,2020,29(3):9.

[13] 朱明,方乃矿,王和平.飞行器原理与工艺[M].西安:西北工业大学出版社,1995

[14] 杨铁江,童话,高星海.无人机助推火箭推力线调整装置及方法[J].制造业自动化,2017,39(2):4.

[15] 方永红.旋翼无人机系统技术[M].北京:航空工业出版社,2020.

[16] 符长青,曹兵.多旋翼无人机技术基础[M].北京:清华大学出版社,2017.

[17] 连业达,张哲.四旋翼无人机设计制造与飞行实训教程[M].西安:西北工业大学出版社,2020.